交通系统科学中的统计物理方法

闫小勇 编著

科学出版社

北 京

内 容 简 介

统计物理是研究自然和社会复杂系统的重要工具. 本书对统计物理的一些基础理论与方法进行介绍, 包括最可几分布、热力学定律、自由能、相平衡、相变、分形、重整化群、自组织临界性、幂律分布、异速生长等, 并列举这些理论与方法在交通系统科学中的一些典型应用.

本书可作为系统科学、交通运输等专业本科生和研究生相关课程的教学或参考用书.

图书在版编目（CIP）数据

交通系统科学中的统计物理方法 / 闫小勇编著. -- 北京：科学出版社, 2025. 3. -- ISBN 978-7-03-080999-5

 I. N94

中国国家版本馆 CIP 数据核字第 20245YE244 号

责任编辑：王丽平　赵　颖 / 责任校对：彭珍珍
责任印制：张　伟 / 封面设计：无极书装

科 学 出 版 社 出版
北京东黄城根北街 16 号
邮政编码：100717
http://www.sciencep.com
北京富资园科技发展有限公司印刷
科学出版社发行　各地新华书店经销
*
2025 年 3 月第　一　版　开本：720×1000　1/16
2025 年 3 月第一次印刷　印张：10　1/4
字数：207 000
定价：68.00 元
（如有印装质量问题, 我社负责调换）

前　言

统计物理是研究自然和社会复杂系统的重要工具，但很多非物理专业的读者并未系统学习过统计物理的课程. 尽管目前已出版了许多面向物理专业的统计物理教材，但这类教材中丰富细致的内容往往让非物理专业读者难以在短时间内全面掌握. 针对上述问题，本书挑选了统计物理中一些基础的、但与复杂系统研究密切相关的核心内容，并将这些内容与日常生活中频繁接触的交通问题结合起来，希望读者能更快地理解和掌握统计物理的基本思想与方法，为后续的进一步学习和研究打下基础.

全书共八章. 第 1 章介绍统计物理的一些基础知识，第 2 章介绍统计物理视角下的热力学定律，第 3 章介绍自由能与相平衡，第 4 章介绍相变，第 5 章介绍分形与重整化群，第 6、7、8 章分别介绍自组织临界性、幂律分布、异速生长这些在统计物理教材中较少涉及、但在复杂系统中普遍存在的现象. 每章的最后一节都会给出上述理论与方法在交通系统科学中的应用示例. 需要指出的是，尽管本书在应用部分是以交通系统为例的，但相关的理论与方法对很多自然和社会复杂系统也同样适用. 本书在习题部分增加了一些扩展或思考，希望读者能够了解更多复杂系统中的普适性问题.

本书在写作过程中参考了大量文献，其中融合了很多统计物理、系统科学、交通科学等方面书籍[1-30]中的内容，无法在正文中一一标注，故将其全部放在了参考文献的开始部分，其余参考文献则在相应部分进行了引用. 此外，为使图片格式统一，本书在不影响图片含义的情况下，对引用图片中部分字符的格式或位置进行了调整，并将部分图片中的英文翻译成了中文.

感谢国家自然科学基金（项目编号 72271019、72288101、71822102）和北京交通大学教学改革和建设项目（项目编号 SQ20240009）对本书写作和出版的支持. 感谢研究生贾翔宇、林旭捷、刘二见、吕瀛玥、王浩、杨一涛为本书应用示例部分做出的贡献.

由于作者水平有限，书中疏漏之处在所难免，敬请读者批评指正.

闫小勇

2024 年 6 月 16 日

目　　录

第 1 章　统计物理初探

复杂的交通系统中包含大量的个体出行者,这些个体的出行行为千变万化,但在群体上却会涌现出很多普适的现象. 一个典型的例子是群体的出行近似服从类似万有引力定律的规律[31]——两地间的出行量与两地的"活力"①正相关,与两地间的距离或出行成本负相关. 据此规律建立的预测地点间出行分布量的引力模型② 在交通科学中获得了广泛的应用. 在复杂的交通系统中为何会存在这种引力规律?在半个多世纪前就有学者用统计物理方法对此进行了解释[32],并获得了普遍认可. 究其原因,是因为交通系统与统计物理中分析的一些系统非常类似:由大量个体(例如出行者或粒子)构成,在微观上个体的行为错综复杂,但在宏观上却会呈现出普适的规律. 不仅如此,交通系统中还有很多现象都可以用统计物理方法进行解释. 本章将从统计物理中宏观状态与微观状态的关系入手,对统计物理的一些基本理论与方法进行初探,并列举这些方法在交通系统中的一些典型应用.

1.1　宏观状态与微观状态

先从一个简单例子入手. 在这个例子中有 $M = 2$ 个盒子, $N = 4$ 个小球,编号分别为 a、b、c、d. 把这 4 个小球放到左右两个盒子里,得到结果有 5 种:左 4 右 0,左 3 右 1,左 2 右 2,左 1 右 3,左 0 右 4. 这种描述不同盒子中有多少小球的状态被称为宏观状态,见表 1.1. 而微观状态则是指在同一宏观状态下每个盒子里有哪些小球. 以表 1.1 中的第 2 种宏观状态(左 3 右 1)为例,它包含的微观状态有 4 种,分别是 a、b、c 或 d 这个小球单独放在右边盒子里,其余 3 个小球放在左边盒子里.

上述微观状态数的具体计算过程如下:首先从 $N = 4$ 个小球中选择任何一个作为第 1 个小球放进左边盒子,然后从剩余的 $N - 1 = 3$ 个小球中选择任何一个作为第 2 个小球放进左边盒子,再从剩余的 $N - 2 = 2$ 个小球中选择任何一个作为第 3 个小球放进左边盒子. 每个小球都有一个固定的编号,此时的排列组合数为

---

① 常用人口数量、出行发生量、吸引量等来量化.

② Gravity model,也译作重力模型.

表 1.1   系统宏微观状态示例

编号	1	2	3	4	5
宏观状态	oooo |	ooo | o	oo | oo	o | ooo	| oooo
微观状态	abcd |	bcd | a	ab | cd	a | bcd	| abcd
		acd | b	ac | bd	b | acd	
		abd | c	ad | bc	c | abd	
		abc | d	bc | ad	d | abc	
			bd | ac		
			cd | ab		

$$N(N-1)(N-2) = \frac{N!}{(N-3)!}. \tag{1.1}$$

如果用 a、b、c 来表示这 3 个选取的小球，它们可以按照 3! = 6 种不同的排列顺序（abc、acb、bac、bca、cab、cba）被选择后放在左边盒子中. 但在左边盒子中有多少个小球与这些小球被放置的顺序无关，因此还需要用 3! 除公式 (1.1) 得到这 3 个小球被放到左边盒子时的组合数，即

$$\frac{N!}{(N-3)!3!} = \frac{4!}{1!3!} = 4. \tag{1.2}$$

最后将剩余的 $N-3=1$ 个小球置于右边盒子，其组合数为

$$\frac{(N-3)!}{(N-3-1)!1!} = \frac{1!}{0!1!} = 1, \tag{1.3}$$

此时总的组合数（即微观状态数）为 $4 \times 1 = 4$. 类似地，用上述方法可以计算其他宏观状态下的微观状态数，可以得到微观状态数最多的是宏观状态 3（左 2 右 2），一共有 6 种微观状态. 换句话说，当在盒子里随机放置小球时，出现概率最高的就是宏观状态 3，其概率为 3/8.

类似地，在小球数量 N 和盒子数量 M 更多的情况下，当把 n_1 个小球置于第 1 个盒子中时，组合数为

$$\frac{N!}{(N-n_1)!n_1!}. \tag{1.4}$$

接着把 n_2 个小球置于第 2 个盒子，可选的小球有 $N-n_1$ 个，此时组合数为

$$\frac{(N-n_1)!}{(N-n_1-n_2)!n_2!}. \tag{1.5}$$

以此类推，直到把 $N = \sum_{i=1}^{M} n_i$ 个小球全部放置在 M 个盒子中，此时总的微观状态数为

$$\Omega = \frac{N!}{(N-n_1)!n_1!} \frac{(N-n_1)!}{(N-n_1-n_2)!n_2!} \cdots \frac{n_M!}{0!n_M!} = \frac{N!}{n_1!n_2!\cdots n_M!} = \frac{N!}{\prod\limits_{i=1}^{M} n_i!}. \quad (1.6)$$

1.2　最可几分布

如果把上面例子中的"小球"替换为"粒子","盒子"替换为"能级",那么式 (1.6) 描述的就是一个统计物理中孤立系统的微观状态数. 此处的孤立系统是指一个由大量（N 个）相同的粒子组成的系统,这些粒子无相互作用或只有微弱的相互作用. 该系统由绝热且刚性的壁与外界环境分隔开,不会受到外界的任何影响,即不可能与外界发生任何能量与物质的交换. 在这个系统中,粒子可以处在 M 个能量为 $E_1, E_2, \cdots$ 的能级. 在一个特定时刻,粒子分布在不同的能级中: 有 n_1 个粒子具有能量 E_1,有 n_2 个粒子具有能量 E_2, $\cdots$. 粒子的总数为

$$N = n_1 + n_2 + \cdots = \sum_i n_i. \quad (1.7)$$

系统的总能量为

$$U = n_1 E_1 + n_2 E_2 + \cdots = \sum_i n_i E_i. \quad (1.8)$$

N 个粒子在各能级上分布的数目 $n_1, n_2, \cdots$ 就是宏观状态. 一种宏观状态所对应的微观状态数越多,则此宏观状态出现的概率就越大. 对于孤立系统中的一个宏观状态,如果它的微观状态数最多,那么这一宏观状态下粒子在各能级上的分布就称为最可几分布[1]. 当达到这个分布时,系统就处于统计平衡. 一个处于统计平衡的系统,除非受到外界作用的干扰,宏观上不会离开最可几分布.

在考虑式 (1.7) 系统粒子总数约束和式 (1.8) 总能量约束的条件下,系统的最可几分布可由求解以下有约束极值问题得到

$$\begin{aligned} \max \quad & \ln\Omega, \\ \text{s.t.} \quad & \sum_i n_i = N, \\ & \sum_i n_i E_i = U. \end{aligned} \quad (1.9)$$

此处求 $\ln\Omega$ 而不是求微观状态数 Ω 的极大值,是由于 $\ln\Omega$ 更容易计算. 根据斯特林（Stirling）公式可知,当 n_i 很大时,有

$$\ln n_i! \simeq n_i \ln n_i - n_i. \quad (1.10)$$

---

[1] Most probable distribution,也译作最概然分布.

因此 $\ln \Omega$ 可以写作

$$\ln \Omega = \ln N! - \sum_i \ln n_i! \simeq \ln N! - \sum_i (n_i \ln n_i - n_i). \tag{1.11}$$

此时用拉格朗日（Lagrange）乘子法，可以将式 (1.9) 这一有约束的极值问题转化为无约束的极值问题

$$L = \ln N! - \sum_i (n_i \ln n_i - n_i) - \alpha(\sum_i n_i - N) - \beta(\sum_i n_i E_i - U), \tag{1.12}$$

其中，α 和 β 是拉格朗日乘子.

将上式对 n_i 求导并令导数为 0，可得到

$$\frac{\partial L}{\partial n_i} = -\ln n_i - \frac{n_i}{n_i} + 1 - \alpha - \beta E_i = 0, \tag{1.13}$$

并进一步解得

$$n_i = \mathrm{e}^{-\alpha - \beta E_i}. \tag{1.14}$$

将式 (1.14) 代入式 (1.7) 可以得到

$$N = \sum_i n_i = \mathrm{e}^{-\alpha} \sum_i \mathrm{e}^{-\beta E_i} = \mathrm{e}^{-\alpha} Z, \tag{1.15}$$

式中

$$Z = \sum_i \mathrm{e}^{-\beta E_i} \tag{1.16}$$

叫作配分函数（partition function）. 根据式 (1.15) 可以写出 $\mathrm{e}^{-\alpha} = N/Z$，再结合式 (1.14) 可以得到系统中粒子出现在能级 i 中的概率为

$$P_i = \frac{n_i}{N} = \frac{\mathrm{e}^{-\beta E_i}}{\sum_i \mathrm{e}^{-\beta E_i}} = \frac{\mathrm{e}^{-\beta E_i}}{Z}, \tag{1.17}$$

这就是系统的最可几分布，也被称为玻尔兹曼（Boltzmann）分布.

1.3　温　　度

从式 (1.17) 中可以看到，参数 β 的单位显然是能量单位的倒数. 此外，根据式 (1.8) 和式 (1.17) 可以得到系统的总能量为

$$U = \sum_i n_i E_i = \frac{N}{Z} \sum_i E_i \mathrm{e}^{-\beta E_i}. \tag{1.18}$$

令式 (1.16) 定义的配分函数对 β 求导, 可得

$$\frac{\mathrm{d}Z}{\mathrm{d}\beta} = -\sum_i E_i \mathrm{e}^{-\beta E_i}. \tag{1.19}$$

综合式 (1.18) 和式 (1.19) 可得

$$U = -\frac{N}{Z}\frac{\mathrm{d}Z}{\mathrm{d}\beta} = -N\frac{\mathrm{d}\ln Z}{\mathrm{d}\beta}, \tag{1.20}$$

这说明处于统计平衡的系统的总能量是 β 的函数. 也就是说, 可以用 β 作为参量来刻画系统的总能量. 为了更直观地刻画系统能量, 可以引入一个新的物理量 T 来代替 β, 即

$$kT = \frac{1}{\beta}, \tag{1.21}$$

式中, T 是该系统的绝对温度, $k = 1.380649 \times 10^{-23}$ J/K 是玻尔兹曼常量, 其中 J 是能量的单位焦耳 (Joule), K 是温度的单位开尔文 (Kelvin). 当然也可以令常数 $k = 1$, 此时温度就可以直接用能量单位来测量, 但在统计物理出现之前就已经用开尔文来作为温度单位了, 因此后续统计物理的研究中多用玻尔兹曼常量来表示 k.

现在将式 (1.21) 温度的定义引入式 (1.17) 中, 就可以得到

$$n_i = \frac{N}{Z}\mathrm{e}^{-E_i/(kT)}, \tag{1.22}$$

意味着 n_i 是 $E_i/(kT)$ 的减函数. 这说明在温度给定的前提下, E_i 越大, 能级 i 中的粒子数 n_i 就越少, 反之亦然. 另外, 在总能量给定的前提下, 当温度很低时, 一些较低能级中就包含了大部分的粒子; 当温度较高时, 部分粒子会从较低能级转移到较高能级; 而当温度 $T \to 0$ 时, 全部粒子都会聚集在最低能级中, 见图 1.1.

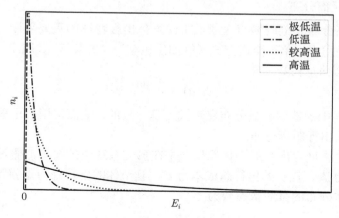

图 1.1　不同温度下的玻尔兹曼分布

1.4 应用示例

1.4.1 交通方式划分

交通方式划分是交通需求预测四阶段法中的一个重要环节，主要目的是预测各种不同交通方式被出行者选择的概率. 目前在交通方式划分中 ① 常用的一种离散选择模型是 Logit 模型[33]

$$P_i = \frac{e^{-\beta c_i}}{\sum\limits_i e^{-\beta c_i}}, \tag{1.23}$$

其中，P_i 是第 i 种交通方式被选择的概率，c_i 是第 i 种交通方式的广义成本（即负的效用）.

如果把能量 E_i 看作第 i 种交通方式的广义成本，那么式 (1.17) 与式 (1.23) 在形式上就没有差别. 不仅如此，两式中参数 β 的作用也非常类似：β 越大，出行者对交通方式成本的认知误差就越小，选择低成本交通方式的出行者就越多，反之亦然；当 $\beta \to 0$ 时，出行者对交通方式成本没有认知，只能随机选择一种方式；而当 $\beta \to \infty$ 时，出行者对交通方式成本完全认知，就只会选择成本最低的交通方式.

需要指出的是，最早提出的 Logit 模型是在假设个体对效用认知存在的误差服从耿贝尔（Gumbel）分布的条件下导出的[33]. 而在统计物理中并不需要这种假设，只需要给定总能量（在交通方式划分中是总成本）和总粒子数（在交通方式划分中是参与方式选择的总人数，或各个交通方式被选择的概率之和为 1）的约束条件，就可以计算出微观状态数最多的最可几分布. 其中参数 β 反映了个体对效用认知的误差.

1.4.2 出行距离分布

出行距离分布是刻画城市内或城市间群体出行特征的重要手段之一. 大量的实证研究已经发现，单一交通方式（例如出租车[34]、私家车[35]、航空[36]）的群体出行距离 d 近似服从指数分布

$$P(d) \propto e^{-\beta d}, \tag{1.24}$$

这与式 (1.17) 中的玻尔兹曼分布在形式上是一致的，故而可用导出玻尔兹曼分布的方法来导出出行距离分布.

将在一个区域内出行的个体看作一个在孤立系统中的粒子，假设区域中包含的个体数量为 N，耗费的出行总成本为 C，且个体的出行行为是相互独立的，则群体出行成本分布的微观状态数为

---

① 更多的是在经济学、社会学中.

$$\Omega = \frac{N!}{\prod_i n_i!}, \tag{1.25}$$

满足约束条件 $\sum_i n_i = N$ 和 $\sum_i n_i c_i = C$，其中 n_i 是出行成本为 c_i 的个体数量.

式 (1.25) 与式 (1.6) 是一致的，因此可以用 1.2 节的方法求解出行成本分布，结果为

$$P_i \propto \mathrm{e}^{-\beta c_i}, \tag{1.26}$$

是一个指数分布.

一般认为单一交通方式的出行成本 c 是由出行时间和货币费用两部分组成的，可以表示为二者的加权和形式

$$c = \eta t + \zeta m, \tag{1.27}$$

其中，出行时间 t 和货币费用 m 通常都与出行距离 d 具有近似线性关系，因此上式也可以写成

$$c \approx \nu d. \tag{1.28}$$

将其代入式 (1.26) 中，就可以得到式 (1.24) 的结果（其参数 β 吸收了参数 ν，下同）. 这说明用统计物理方法可以为出行距离指数分布提供解释.

另一方面，研究者们还从货币流通数据[37]、手机数据[38]、出行日志数据[39]等多种混合交通方式的数据源中发现，群体出行距离分布近似服从幂律分布（power-law distribution）

$$P(d) \propto d^{-\gamma}, \tag{1.29}$$

或指数尾幂律分布（见图 1.2）

$$P(d) \propto d^{-\gamma}\mathrm{e}^{-\beta d}. \tag{1.30}$$

这种分布可以用混合交通方式出行时间与距离具有近似对数关系 $t \approx \phi \ln d + \psi d$ 的规律（见图 1.3）来解释. 这种对数时距关系源于不同出行距离采用交通方式的速度差异，例如，人们在进行几百米的出行时往往是步行或骑自行车，而几十千米时就要使用公交、小汽车等交通方式，当几千千米时就要乘坐更快速的火车或飞机了，这使得出行时间和距离之间呈现近似对数关系. 根据此对数时距关系，结合式 (1.27) 和式 (1.28)，可以得到混合交通方式的出行成本为

$$c \approx \eta(\phi \ln d + \psi d) + \kappa d. \tag{1.31}$$

将其代入式 (1.26) 中，就可以得到式 (1.30) 的结果.

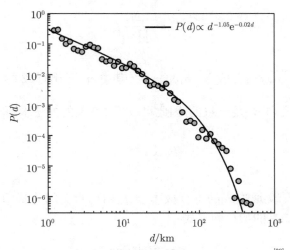

图 1.2　瑞士弗劳恩费尔德市志愿者出行距离分布[39]

数据来自文献 [40]

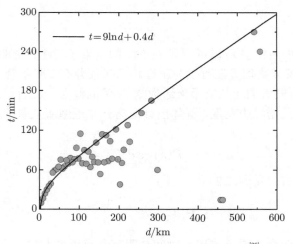

图 1.3　出行时间与出行距离之间的关系[39]

图中数据统计自瑞士弗劳恩费尔德市志愿者提供的出行日志[40]. 图中曲线是去除图右下角两个异常数据点之后的
拟合结果. 这两个异常数据点出现的原因可能是在原始数据录入过程中出现了错误（因为在 15 min 内出行距离
超过 400 km 是不可能的）

1.4.3　出行分布预测

　　出行分布预测是交通需求预测四阶段法中的另一个重要环节，主要目的是在
已知各个地点出行出发量和到达量的前提下，预测地点之间的出行分布矩阵. 其
中使用最多的是类比万有引力定律建立的双约束引力模型[32]，即两地点的出行量

正比于起点的出行出发量和终点的出行到达量, 反比于两地点之间出行成本或距离的增函数, 且出行分布矩阵的行和与列和分别满足地点出行出发量和到达量的约束. 双约束引力模型对结果有这两个约束条件, 直观看来不能用统计平衡的方法来求解, 但思想是一样的. 下面给出具体的求解方法.

在系统中出行总量为 T [①] 的情况下, 系统的宏观状态是任意两个起点 i、终点 j 之间的出行量为 T_{ij}, 则系统的微观状态数为

$$\Omega = \frac{T!}{\prod_i \prod_j T_{ij}!}.\tag{1.32}$$

出行分布问题的两个出行量约束条件分别为地点出行出发量约束

$$\sum_j T_{ij} = O_i \tag{1.33}$$

和地点出行到达量约束

$$\sum_i T_{ij} = D_j, \tag{1.34}$$

其中, O_i 是地点 i 的出发量, D_j 是地点 j 的到达量, 这两者约束下的 T_{ij} 所构成的出行分布矩阵常被称为 OD, 不是变量矩阵.

此外还有一个约束条件是出行广义成本约束

$$\sum_i \sum_j T_{ij} c_{ij} = C, \tag{1.35}$$

其中, c_{ij} 为从地点 i 到 j 的出行成本, C 为系统可支配的总成本.

系统最可能出现的出行分布就是以下有约束极值问题的解

$$\begin{aligned}
\max \quad & \ln \Omega \\
\text{s.t.} \quad & \sum_j T_{ij} = O_i \\
& \sum_i T_{ij} = D_j \\
& \sum_i \sum_j T_{ij} c_{ij} = C.
\end{aligned}\tag{1.36}$$

用拉格朗日乘子法, 可以将式 (1.36) 转化为无约束极值问题

---

① 此处 T 是出行 trips 的首字母, 而不是温度 temperature 的首字母.

$$L = \ln \Omega + \sum_i \lambda_i \left(O_i - \sum_j T_{ij} \right) + \sum_j \theta_j \left(D_j - \sum_i T_{ij} \right) + \beta \left(C - \sum_i \sum_j T_{ij} c_{ij} \right), \tag{1.37}$$

其中, λ_i、θ_j 和 β 是拉格朗日乘子.

根据斯特林公式, $\ln \Omega$ 可近似为

$$\ln \Omega \simeq \ln T! - \sum_i \sum_j (T_{ij} \ln T_{ij} - T_{ij}). \tag{1.38}$$

将上式代入式 (1.37) 中, 对 T_{ij} 求导并令导数为 0, 可得

$$\frac{\partial L}{\partial T_{ij}} = -\ln T_{ij} - \lambda_i - \theta_j - \beta c_{ij} = 0, \tag{1.39}$$

即

$$T_{ij} = \mathrm{e}^{-\lambda_i - \theta_j - \beta c_{ij}}. \tag{1.40}$$

令 $\mathrm{e}^{-\lambda_i} = a_i O_i$, $\mathrm{e}^{-\theta_j} = b_j D_j$, 其中 a_i 和 b_j 是两组相互依赖的迭代因子, 代入上式可得到一个带有指数成本函数的双约束引力模型

$$T_{ij} = a_i b_j \frac{O_i D_j}{\mathrm{e}^{\beta c_{ij}}}. \tag{1.41}$$

进一步结合式 (1.31), 还可以得到带有指数尾幂律距离函数的双约束引力模型.

习　　题

1. 一个孤立系统中有上中下 3 个能级, 能量分别为 2ε、ε 和 0, 其中上能级有 300 个粒子, 中能级有 1700 个粒子, 下能级有 2000 个粒子. 现在把一个粒子从中能级移至下能级、把另一个粒子从中能级移至上能级, 请计算粒子迁移前后系统微观状态数的比值.

2. 计算习题 1 中系统的最可几分布. 当系统处于最可几分布时, 再把一个粒子从中能级移至下能级、把另一个粒子从中能级移至上能级, 然后计算粒子迁移前后系统微观状态数的比值, 并与习题 1 的结果进行对比, 思考二者不同的原因.

3. 编程: 先在 20×20 的网格中每个位点放置一个量子, 后面每步随机将其中一个量子移动到其他位点, 重复此过程 10^5 次, 绘制具有不同量子数的位点分布图.

4. 思考: 在 1.4 节所举的交通方式划分、出行距离分布、出行分布预测这三个示例中, 所用模型存在的共同问题是什么?

5. 扩展: 阅读书籍《系统科学导论》[21,22] 和《超越引力定律》[31].

第 2 章　统计物理视角下的热力学定律

热力学是在统计物理出现之前发展起来的研究热现象的宏观理论，分析的对象是由大量微观粒子组成的宏观物体. 热力学中最著名的内容是四大定律（即第一定律、第二定律、第三定律及第零定律），这些定律大多是在宏观层面上用实验方法测量或观察而得到的. 热力学只需要研究包含这些定律在内的热现象规律及相关物理性质，并不需要知道宏观物体的微观细节就可以进行理论分析. 而统计物理则建立了物体宏观状态和微观状态之间的桥梁. 本章将从统计物理的视角来讨论热力学第零、第一和第二定律，而热力学第三定律（绝对零度不可达）是量子效应的宏观表现，已经是量子统计物理研究的内容，超出了本书介绍的范围，本章将不再讨论此定律.

2.1　第零定律

考虑由两组不同的粒子组成的一个复合系统,每一组粒子构成一个子系统,粒子数量分别为固定的 N 和 N'. 整个系统的能量 U 也是固定的，两个子系统的粒子之间存在相互作用，可以交换能量. 子系统包含的能级分别为 $E_1, E_2, E_3, \cdots$ 和 $E_1', E_2', E_3', \cdots$，不同能级的粒子数量分别为 $n_1, n_2, n_3, \cdots$ 和 $n_1', n_2', n_3', \cdots$，且满足下列约束条件：

$$N = \sum_i n_i, \tag{2.1}$$

$$N' = \sum_j n_j', \tag{2.2}$$

$$U = \sum_i n_i E_i + \sum_j n_j' E_j'. \tag{2.3}$$

系统的微观状态数为

$$\Omega = \frac{N!}{\prod\limits_i n_i!} \frac{N'!}{\prod\limits_j n_j'!}. \tag{2.4}$$

使用拉格朗日乘子法可以求出这个复合系统的最可几分布 [1]，其结果是

$$n_i = \frac{N}{Z} e^{-\beta E_i}, \quad n_j' = \frac{N'}{Z'} e^{-\beta E_j'}, \tag{2.5}$$

---

[1] 细节略去，可在本章习题 1 中计算.

其中 Z 和 Z' 分别是这两个子系统的配分函数. 此时这个复合系统达到统计平衡.

从上式可以看到, 这两个处于统计平衡的子系统有相同的参量 β, 根据 1.3 节中式 (1.21) 对温度的定义, 可以得出以下结论: 处于统计平衡的两个不同的、相互作用的粒子系统一定有相同的温度. 这就是统计物理视角下的热力学第零定律. 在此情况下, 这两个子系统就处于热平衡中, 每个子系统的能量在统计意义上保持恒定. 这表示, 虽然两个子系统在微观级上一直可以交换能量, 但达到热平衡时二者就不会再发生净能量交换.

2.2　第 一 定 律

能量守恒定律是自然界的一个普遍的基本规律, 而热力学第一定律是能量守恒定律在宏观热现象过程中的表现形式. 能量守恒定律是在热力学第一定律基础上的进一步扩大, 不仅适用于宏观过程, 还适用于微观过程.

考虑一个具有大量粒子的系统, 其中的粒子之间存在相互作用. 所有的粒子对之间的相互作用引起的势能之和是这个系统的内势能. 类似地, 所有粒子相对于 [①] 系统质心的动能之和是这个系统的内动能. 系统的总内能 U 等于内势能与内动能的和. 如果这个系统是孤立系统, 不受外界作用, 则 U 保持不变. 如果这个系统的粒子与其外界环境的粒子之间发生个别的能量交换, 就会引起该系统与外界之间的能量转移. 先假设这个系统是绝热的, 那么外界只能通过做功与系统交换能量, 此时系统内能的变化

$$\Delta U = U_2 - U_1 = W_a, \tag{2.6}$$

其中 U_1 是系统初态时的内能, U_2 是系统终态时的内能, W_a 是绝热过程中的功值.

如果这个系统是非绝热的, 外界就既可以对系统做功 W, 系统又可以从外界吸收热量 Q. 由于内能从初态到终态的差是确定的, 热量就可以用下式定义

$$Q = U_2 - U_1 - W. \tag{2.7}$$

此时可以把这个系统 (被称为封闭系统) 的内能变化量写作

$$\Delta U = Q + W. \tag{2.8}$$

这就是能量守恒定律应用于具有大量粒子系统的结果, 即热力学第一定律: 系统内能的增加等于系统从外界吸收的热量与外界对系统所做的功之和.

---

① 因此内能是一个相对值.

当一个系统内能变化是无限小时，可以用下式表示热力学第一定律的微分形式：

$$\mathrm{d}U = \text{đ}Q + \text{đ}W, \tag{2.9}$$

其中 d 表示恰当微分，đ 表示非恰当微分. 这两类微分的差别简单来说就是其积分是否只取决于端点：对于一个函数 $f(\boldsymbol{x})$，其自变量为 $\boldsymbol{x} = (x_1, x_2, \cdots)$，如果自变量由 $\boldsymbol{x}_i$ 变到 $\boldsymbol{x}_j$ 后 f 的变化为 $\Delta f = \int_{\boldsymbol{x}_i}^{\boldsymbol{x}_j} \mathrm{d}f = f(\boldsymbol{x}_j) - f(\boldsymbol{x}_i)$，那么 $\mathrm{d}f$ 就是恰当微分，否则就是非恰当微分. 可以被恰当微分的热力学量称作态变量（state variable）或态函数（state function），例如前面介绍过的内能 U 和温度 T. 而不能被恰当微分的热 Q 和功 W 就不是系统的态变量.

2.3 第 二 定 律

在 1.2 节中已经求出一个孤立系统的粒子在不同微观状态之间的最可几分布，此时的微观状态数 Ω 有最大值，系统处于统计平衡态. 如果该系统不处于平衡态，则粒子能级分布的概率小于最可几分布的概率，在不受外界作用的扰动下，系统会自发演变到具有最大概率的最可几分布平衡态. 描述这种朝着具有最大概率分布演变而自然趋向统计平衡的态变量被称为熵（entropy），玻尔兹曼将其定义为 [①]

$$S = k \ln \Omega, \tag{2.10}$$

即正比于该系统微观状态数 Ω 的对数，k 是玻尔兹曼常量. 当有两个微观状态数为 Ω_1 和 Ω_2 的子系统时，这两个子系统组合而成的系统的微观状态数为 $\Omega = \Omega_1 \Omega_2$，于是 $\ln \Omega = \ln \Omega_1 + \ln \Omega_2$，$S = k \ln \Omega = k \ln \Omega_1 + k \ln \Omega_2 = S_1 + S_2$. 可见，熵是一个可加的量 [②]，这比微观状态数更便于运用.

根据以上熵的定义和 1.2 节中关于统计平衡态对应于最可几分布的论述，可以得出一个处于统计平衡的孤立系统的熵具有最大值. 因此，当一个孤立系统达到统计平衡之后，在该系统中能够发生的过程只能是那些与熵不改变（即 $\mathrm{d}S = 0$）这个要求相容的过程，这些过程是可逆过程. 另一方面，如果一个孤立系统不处于平衡态，则它将自发地沿着其熵增加的方向演变（即 $\mathrm{d}S > 0$），因为这些过程会使该系统过渡到具有最大概率的统计平衡态，这些过程是不可逆过程. 综上，在一孤立系统中可能发生的最可几过程，是熵增加或者保持不变的过程，即

$$\mathrm{d}S \geqslant 0, \tag{2.11}$$

---

① 玻尔兹曼的墓碑上就刻有这个公式，写作 $S = k \cdot \log W$. 这是玻尔兹曼于 1877 年首次提出的.

② 这种系统的整体值相当于系统各部分值之和的热力学量被称为广延量（extensive variable），包括熵 S、能量 U、体积 V 等. 而系统与其各部分都具有相同值的量则被称为强度量（intensive variable），例如温度 T 和压强 p.

这就是统计物理视角下的热力学第二定律.

热力学第二定律表达了这样一个事实：在一个孤立系统中，过程的发生有一个明确的趋势或方向，这个趋势由熵增加的方向决定. 这也被称作熵增定律. 例如，把一滴墨水置于一个盛水容器中的某个点上，则墨水分子会在水中迅速扩散，经过若干时间后容器中的水就会呈现均匀的颜色. 在这个过程中系统的熵增加. 此时，如果在某时刻全部墨水分子自发地在某个点上聚集，从而导致熵的减少，这显然是一种非常不可几的情况，迄今从未观察到. 这一例子也展示了热力学第二定律的巨大重要性：指出了在整个宇宙中哪些过程发生的概率较大. 因此，一些遵守其他定律（例如能量守恒定律）的过程或许能够发生，然而它们发生的概率会非常小，因为它们违背热力学第二定律.

现在回到 1.2 节中式 (1.17) 的玻尔兹曼分布 $n_i/N = \mathrm{e}^{-\beta E_i}/Z$，对其两边取对数可以得到

$$\ln n_i = -\beta E_i + \ln \frac{N}{Z}. \tag{2.12}$$

另根据式 (2.10) 和 (1.6) 可知

$$S = k\ln\Omega = k\ln N! - k\sum_i \ln n_i! \simeq k\ln N! - k\sum_i (n_i\ln n_i - n_i). \tag{2.13}$$

对其两端求导，并联合式 (2.12) 可得

$$\mathrm{d}S = -k\sum_i \mathrm{d}n_i \ln n_i = k\beta\sum_i E_i\mathrm{d}n_i - k\ln\frac{N}{Z}\sum_i \mathrm{d}n_i. \tag{2.14}$$

由于不同能级中的粒子变动不会影响系统总粒子数量，因此有

$$\sum_i \mathrm{d}n_i = 0. \tag{2.15}$$

另对系统总能量 U 求导可得

$$\mathrm{d}U = \sum_i \mathrm{d}(n_iE_i) = \sum_i (E_i\mathrm{d}n_i + n_i\mathrm{d}E_i). \tag{2.16}$$

将式 (2.15)、(2.16) 及 (1.21) 代入式 (2.14) 可得 [①]

$$\mathrm{d}S = \frac{1}{T}\sum_i [\mathrm{d}(n_iE_i) - n_i\mathrm{d}E_i] = \frac{\mathrm{d}U - \text{đ}W}{T} = \frac{\text{đ}Q}{T}, \tag{2.17}$$

---

① 此处把 $\sum_i n_i\mathrm{d}E_i = \text{đ}W$ 视为一个极慢速进行使得系统在每一时刻都能调节到最可几分布的可逆过程.

这就是克劳修斯（Clausius）在 1865 年定义的熵. 克劳修斯认为熵的物理意义与能量有相近的亲缘关系，因此他用与德文"能量"单词 energie 词形类似的、与词义为"转变"的希腊单词有相同德语发音的 entropie 为熵命名. 而我们现在写的"熵"字，是我国物理学家胡刚复教授在 1923 年创造的. 他认为 $dS = dQ/T$ 体现了 S 是热 Q 与温度 T 的商，而热的概念与火有关，因此在商前面加了火字旁. 这个"熵"字颇为形象地表达了 S 的物理概念，被广泛流传至今.

现在回到式 (2.9)，在可逆过程中热力学第一定律就可以写为

$$dU = TdS + dW. \tag{2.18}$$

如果此时的系统是一定质量的化学纯的流体（气体、液体）以及各向同性的固体，那么系统中就只有压强 p 不变、体积 V 略微变化所做的膨胀微功，即

$$dW = -pdV, \tag{2.19}$$

那么式 (2.18) 可以写为

$$dU = TdS - pdV, \tag{2.20}$$

这被称作热力学基本微分方程，是第一、第二定律的重要结晶.

2.4　系统与系综

本书目前已经介绍了两类系统：一是孤立系统，它与外界不发生任何能量与物质交换；二是封闭系统，它与外界可以交换能量（通过做功与传热，见 2.2 节），但不能交换物质，系统的粒子数不变. 除此之外，热力学中还有一类系统被称为开放系统，它既可以与外界交换能量，又可以与外界交换物质. 例如，在一个同时存在水和水蒸气的密闭容器中，如果把水蒸气当作系统，水作为外界，那么水蒸气系统就是开放系统，它可以与外界交换分子，系统的粒子数是允许改变的.

除上述热力学对系统的分类之外，统计物理中还使用了系综（ensemble）这一概念对系统进行分类. 系综是假想的、与所研究的系统性质结构完全相同的、彼此独立、各自处于某一微观状态的大量系统的集合. 直观来看，系综就是对系统进行了大量想象的"影印"，其中每一个影印都代表了系统在一定宏观约束条件（比如限定粒子数 N、能量 U 和体积 V）下一个可能的微观状态. 在统计物理中，系统宏观量是微观状态的统计平均值. 由于粒子碰撞极其频繁，系统的微观状态变化是极快的，在每一次测量中微观状态都会经历极多次数的变化. 系综将对时间的平均换成对所有微观状态的平均，实现了从力学规律向统计规律的转换.

在统计物理中常用的系综有三种：

(1) 微正则系综（microcanonical ensemble）. 该系综下的系统都是孤立系统，与外界既无能量交换，也无粒子交换. 系统粒子数 N、内能 U 和体积 V 保持不变.

(2) 正则系综（canonical ensemble）. 该系综下的系统都是封闭系统，与温度恒为 T 的巨大热库热接触，交换能量达到热平衡. 系统粒子数 N、体积 V 和温度 T 保持不变. 正则系综还有一个推广，被称为等温等压系综（isothermal-isobaric ensemble），其影印系统可以和外界交换能量和体积. 系统粒子数 N、压强 p 和温度 T 保持不变.

(3) 巨正则系综（grand canonical ensemble）. 该系综下的系统都是开放系统，与温度恒为 T 的大热库多粒子源接触，能量交换达到热平衡，粒子交换达到化学平衡. 系统体积 V、温度 T 和化学势 μ 保持不变.

2.5　吉布斯熵

前面章节主要讨论了孤立系统即微正则系综的平衡，本节将讨论正则系综的平衡及由此导出的吉布斯（Gibbs）熵.

考虑在一个复合系统中包含两个粒子数和体积不变的系统，其中一个是巨大的热库，另一个是体积远小于热库体积的封闭系统. 二者之间有能量交换，但由于热库体积非常大，所以它的温度 T 保持不变. 在热库和封闭系统达到热平衡时温度仍是 T，复合系统的总能量 U_0 不变，但封闭系统的能量 U 是可变的（被称为涨落）. 假设复合系统有 $1, 2, \cdots, r, \cdots$ 个微观状态，对应的封闭系统能量为 $U_1, U_2, \cdots, U_r, \cdots$，并把每一个微观状态都视为一个独立的能级（尽管一些微观状态的能量可能会相同，注意这与 1.2 节中能级的定义不同）. 此时封闭系统处在微观状态 r 的概率就正比于热库的微观状态数 $\Omega(U_0 - U_r)$，即

$$P_r \propto \Omega(U_0 - U_r) = \mathrm{e}^{\ln \Omega(U_0 - U_r)} = \mathrm{e}^{\frac{S(U_0 - U_r)}{k}}. \tag{2.21}$$

由于热库的体积远大于封闭系统，因此 $U_0 \gg U_r$，于是热库的熵可以用泰勒（Taylor）公式展开为

$$S(U_0 - U_r) \simeq S(U_0) - U_r \frac{\mathrm{d}S(U_0)}{\mathrm{d}U_0}. \tag{2.22}$$

另根据式 (2.18)，在热库与封闭系统之间无做功时，有

$$\frac{\mathrm{d}S(U_0)}{\mathrm{d}U_0} = \frac{1}{T} = k\beta, \tag{2.23}$$

代入式 (2.21) 可以得到封闭系统能量 U_r 服从玻尔兹曼分布

$$P_r = \frac{\mathrm{e}^{-\beta U_r}}{Z}, \tag{2.24}$$

其中配分函数 $Z = \sum_r \mathrm{e}^{-\beta U_r}$.

封闭系统的平均能量为

$$\langle U \rangle = \sum_r P_r U_r = \frac{\sum\limits_r U_r \mathrm{e}^{-\beta U_r}}{Z} = -\frac{1}{Z}\frac{\mathrm{d}Z}{\mathrm{d}\beta} = -\frac{\mathrm{d}\ln Z}{\mathrm{d}\beta}. \tag{2.25}$$

由于实际系统的能量 U 会有涨落，可以用标准差 ΔU 来度量这些涨落. 首先, 方差为

$$(\Delta U)^2 = \langle (U - \langle U \rangle)^2 \rangle = \langle U^2 \rangle - \langle U \rangle^2, \tag{2.26}$$

其中

$$\langle U^2 \rangle = \sum_r P_r U_r^2 = \frac{\sum\limits_r U_r^2 \mathrm{e}^{-\beta U_r}}{Z} = \frac{1}{Z}\frac{\mathrm{d}^2 Z}{\mathrm{d}\beta^2} = \frac{1}{Z}\frac{\mathrm{d}}{\mathrm{d}\beta}\left(Z\frac{\mathrm{d}\ln Z}{\mathrm{d}\beta}\right) = \langle U \rangle^2 - \frac{\mathrm{d}\langle U \rangle}{\mathrm{d}\beta}. \tag{2.27}$$

根据式 (2.26) 和 (2.27) 可得

$$(\Delta U)^2 = -\frac{\mathrm{d}\langle U \rangle}{\mathrm{d}\beta} = kT^2\left(\frac{\mathrm{d}\langle U \rangle}{\mathrm{d}T}\right) = kT^2 C_v, \tag{2.28}$$

其中 $C_v = \mathrm{d}\langle U \rangle/\mathrm{d}T$ 是封闭系统的热容，它与 $\langle U \rangle$ 都是广延量，即与系统中粒子数量 N 成正比. 因此, 系统能量的相对涨落

$$\frac{\Delta U}{\langle U \rangle} = \frac{\sqrt{kT^2 C_v}}{\langle U \rangle} \sim \frac{1}{\sqrt{N}}. \tag{2.29}$$

当 N 非常大时，系统能量的涨落极其微小到可以忽略. 因此可以说，与巨大热库接触的封闭系统的能量 U 是完全确定的.

现在考虑由数目非常大的 ν 个完全相同的上述复合系统组成的正则系综，具有微观状态 r 的系统的数目是

$$\nu_r = \nu P_r \tag{2.30}$$

个，根据式 (1.6) 可知系综的状态数为

$$\Omega_\nu = \frac{\nu!}{\nu_1!\nu_2!\cdots\nu_r!\cdots}, \tag{2.31}$$

系综熵就可以写成

$$S_\nu = k \ln \Omega_\nu \simeq k \left(\nu \ln \nu - \sum_r \nu_r \ln \nu_r \right) = -k\nu \sum_r \frac{\nu_r}{\nu} \ln \frac{\nu_r}{\nu} = -k\nu \sum_r P_r \ln P_r. \tag{2.32}$$

单个系统的熵与系综熵的关系就是

$$S = \frac{1}{\nu} S_\nu = -k \sum_r P_r \ln P_r, \tag{2.33}$$

这被称为吉布斯熵.

注意吉布斯熵与式 (2.13) 中孤立系统的熵

$$S = kN \left(\ln N - \sum_i \frac{n_i}{N} \ln n_i \right) = -kN \sum_i \frac{n_i}{N} \ln \frac{n_i}{N} = -kN \sum_i P_i \ln P_i \tag{2.34}$$

在形式上是不同的, 这是由于吉布斯熵中的 P_r 指的是微观状态为 r、封闭系统内能为 U_r 出现的概率, 而孤立系统熵中的 P_i 指的是粒子处在能量为 E_i 的能级上的概率. 当然, 对于孤立系统同样可以使用吉布斯熵. 由于微正则系综中孤立系统的内能都相同, 因此每个微观状态 r 出现的概率 $P_r = 1/\Omega$, 系统的吉布斯熵就等于

$$S = -k \sum_r P_r \ln P_r = -k \sum_r \frac{1}{\Omega} \ln \frac{1}{\Omega} = k \ln \Omega, \tag{2.35}$$

这与玻尔兹曼定义的熵（式 (2.10)）是完全相同的.

2.6　信　息　熵

令式 (2.33) 中吉布斯熵的 $k = 1$, 就可以得到用符号 H 表示的信息熵

$$H = -\sum_r P_r \ln P_r, \tag{2.36}$$

这一结果也被称作香农熵 [①].

上式用自然对数计算信息熵的单位为纳特（nat）, 实际中更常用以 2 为底的对数来计算信息熵 [②]:

$$H = -\sum_i P_i \log_2 P_i, \tag{2.37}$$

---

① 香农（Shannon）是信息论的奠基人, 他定义的信息量可以表示为 $I = -\log_2 P$ [41], 其中 P 是所叙述事物中某种情况出现的概率. 因此, 式 (2.36) 表示的实际上是事物中各种情况出现的平均信息量.

② 这是由于计算机使用的是二进制. 信息单位 $1 \text{ B} = 2^3$ bit, $1 \text{ kB} = 2^{10}$ B $= 2^{13}$ bit, $1 \text{ MB} = 2^{23}$ bit, $1 \text{ GB} = 2^{33}$ bit, $\cdots$, 以此类推.

单位为比特（bit）. 此时式中 P_i 的含义是某事物中第 i 种情况出现的概率.

信息熵 H 越大，表示不确定性越大. 下面用一个例子说明这个问题：当一个人随机抛出一枚硬币后用手盖上，让另一个人猜硬币正面还是反面朝上，此时正反面朝上的概率均为 $1/2$，根据式 (2.37) 可知信息熵（也就是平均信息量）为 1 bit. 换句话说，只需问 1 次就可以知道结果. 另一个例子是让一个完全不看球的人猜测 2022 年足球世界杯的冠军是哪支球队. 在这个人完全不知道 32 支球队情况的前提下，所有球队获得冠军的概率均为 $1/32$，根据式 (2.37) 可知信息熵为 5 bit，需要问 5 次才能知道结果. 反之，如果这个人知道冠军是阿根廷队，那么信息熵就是 0 bit，已经完全确定了结果.

前面两个例子说明的都是用信息熵表达某件事不确定性的极端情况，即完全确定或完全不确定. 实际中还需要根据各种情况发生的概率来计算不确定性. 例如一个正常的色子可以掷出 6 个数的概率均为 $1/6$, 此时的信息熵为 $H = \log_2 6 \approx 2.58(\text{bit})$. 而一个有偏的色子掷出 6 的概率为 $1/2$，掷出其他数的概率均为 $1/10$，那么它的信息熵就变成了 $H = 0.5 \log_2 10 + 0.5 \log_2 2 \approx 2.16(\text{bit})$，小于正常色子的信息熵. 这说明猜有偏色子比猜正常色子需要的平均信息量更低，不确定性更弱.

信息熵与物理熵这两个熵不只是数学形式上的相似，二者在概念上也非常相通——它们都可以看作是对系统"无知度"（或信息量欠缺程度）的度量. 如果对于系统的信息仅限于若干宏观变量，对其微观状态的细节一无所知，那么该系统就处于熵极大的状态. 熵值越大代表着宏观状态中缺乏的信息量就越多，与之对应的系统就越混乱. 如果想处于熵较低的状态，则需要提供更多的信息，与之对应的系统就越有序.

2.7 应 用 示 例

1.4 节中的几类模型都可以用统计平衡的方法导出，即以最大化系统微观状态数为目标，加上若干约束条件后用拉格朗日乘子法求最优解. 在本章介绍了物理熵及信息熵的概念后可以知道，熵就是正比于系统微观状态数对数的一个量，而求解 1.4 节各类问题的方法则被称为最大熵模型.

熵这一重要的统计物理概念不仅可以应用于上述求解最可几分布的问题，还可以应用到许多其他问题上. 本节以交通系统中一些典型问题为例来展示熵及其扩展概念的应用.

2.7.1 出行异质性测量

熵不仅可以量化整个系统的混乱和有序程度, 还可以体现系统中不同选项（例如能级、交通方式、出行访问地点等）概率分布的异质性（heterogeneity）——熵越小, 异质性就越强; 熵越大, 异质性就越弱, 均质性 (homogeneity) 就越强.

此处用一个交通系统中个体出行的例子来说明这个问题: 两个出行者在一个月内访问的地点均为 10 个, 出行总次数均为 100 次, 其中第一个出行者对每个地点访问的次数都是 10 次, 另一个出行者则对其中 8 个地点只访问了 1 次, 剩余两个地点各访问 46 次. 此时两个出行者的熵分别为 $S_1 = \ln 10 \approx 2.30$ 和 $S_2 = 0.08 \ln 100 - 0.92 \ln 0.46 \approx 1.08$, 即第二个出行者的出行异质性更强.

此时再考虑第三个出行者, 他在一个月内访问的地点为 5 个, 出行总次数为 100 次, 那么他的熵为 $S_3 = \ln 5 \approx 1.61$, 小于第一个出行者的熵, 但二者出行的异质性明显是一样的——都是均匀分布. 这说明不能直接用熵来比较具有不同数量选项的个体异质性. 在这种情况下需要使用归一化熵[42]来计算异质性:

$$S' = -\frac{\sum_{i=1}^{M} P_i \ln P_i}{\ln M}, \tag{2.38}$$

其中 M 是选项的数量. 当各选项被选择概率相同时 (完全均质), $S' = 1$; 当只有一个选项被选择时 (完全异质), $S' = 0$.

用上式计算三个出行者的归一化熵, 结果分别为 $S_1' = 1$、$S_2' \approx 0.47$、$S_3' = 1$, 即第一个和第三个出行者的出行都完全均质, 而第二个出行者的出行异质性更强. 这说明用归一化熵可以对比选项数量不同的系统 (不仅是交通系统中的出行) 的异质性.

2.7.2　出行可预测性测量

从上述熵对异质性的测量可以直观看出, 异质性越强的系统可预测性就越高, 而均质性越强的系统可预测性就越低. 例如对上面的第一个出行者来说, 如果在仅知道其各地点访问频率的前提下, 预测他下个月访问的第一个地点是哪一个, 最高的预测准确率只有 10%; 而对于第二个出行者, 最高的预测准确率则可达到 46%.

进一步地, 从大多数城市内出行者的实际出行特征考虑, 第二个出行者每天大多数的出行都是先去工作单位上班, 然后在下班后返家. 偶尔会进行其他活动, 例如购物、娱乐等 (即剩余的 8 个地点). 在已知这些信息的前提下, 预测该出行者每天的出行地点的准确率则可接近 92% (即大多数日期都是先去单位再返家). 不仅如此, 如果提前知道第三个出行者出行的顺序都是依次访问 5 个地点, 那么在知道他上一次访问地点的前提下, 预测他下一次出行访问地点的准确率就能达到 100%. 但是, 这种预测准确率在只知道各地点访问次数的前提下是无法达到的, 因为里面没有包含序列这一重要的信息.

为解决上述问题, 宋朝鸣等[43]对熵的表达式进行了扩展:

$$\hat{S} = -\sum_{X' \subset X} P(X') \log_2 P(X'), \tag{2.39}$$

其中 $X = \{x_1, x_2, \cdots, x_n\}$ 是出行地点的序列，X' 是 X 的子序列. 注意 x 的编号只是地点出现的次序，并不是地点本身的编号. 例如，一个出行地点的序列是 $X = \{1, 2, 1, 2, 3\}$，那么它的子序列就分别为 $\{1\}$、$\{2\}$、$\{3\}$、$\{1,2\}$、$\{2,1\}$、$\{2,3\}$、$\{1,2,1\}$、$\{2,1,2\}$、$\{1,2,3\}$、$\{1,2,1,2\}$、$\{2,1,2,3\}$、$\{1,2,1,2,3\}$.

依据法诺（Fano）不等式[44]可以得到上述扩展熵和可预测性的关系为

$$\lim_{n \to \infty} \hat{S}(x_1, x_2, \cdots, x_n) = (1 - \Pi') \log_2(M-1) - [\Pi' \log_2 \Pi' + (1 - \Pi') \log_2(1 - \Pi')], \tag{2.40}$$

式中 Π' 表示可预测性的最大值，M 表示访问不同地点的数目. 通过求解该方程，可得到出行者出行序列 ① 的最大可预测性值 Π'.

当然，法诺不等式只能给出可预测性的理论上限，并不是具体的预测算法，也不代表就一定能够找到合适的算法达到这个极限. 因此，知道极限之后，对预测算法的研究依然是一个具有重要价值的问题.

此外，当序列长度 n 非常大时，计算式 (2.39) 所耗费的时间就会很长，因此在实际应用时常用伦佩尔–齐夫（Lempel-Ziv, LZ）压缩算法[45]近似估计序列的熵：

$$S^{\text{est}} = \frac{n \log_2 n}{\sum_i \Lambda_i}, \tag{2.41}$$

其中 Λ_i 表示从 i 位置开始，在 i 之前未出现过的子序列的最短长度. 例如对序列 $\{1, 2, 1, 2, 3\}$，从位置 1 开始，依照定义有 $\Lambda_1 = 1$，$\Lambda_2 = 1$，$\Lambda_3 = 2$，$\Lambda_4 = 3$，$\Lambda_5 = 1$. 注意 S^{est} 只有在 n 很大时才能接近 $\hat{S}$，因此使用该算法只能相对粗略地估计出行序列的可预测性.

习　　题

1. 计算 2.1 节中复合系统的最可几分布.
2. 证明封闭系统的熵 $S = U/T + k \ln Z$.
3. 编程：搜集一些城市的人口（或其他）分布数据，用归一化熵计算其异质性.
4. 思考：生物遵循熵增定律吗？为什么？
5. 扩展：阅读书籍《溯源探幽：熵的世界》[7]和《信息论基础》[14].

---

① 不仅是出行序列，任何时间序列的可预测性都可以用这套方法计算.

第 3 章　自由能与相平衡

对于第 1、2 章分析的与外界环境隔绝、没有能量和物质交换的孤立系统，可以用熵增定律来判断系统某一变化过程的方向，用熵最大来判别系统是否处于平衡态. 但在实际中大部分系统都与外界存在相互作用，一些系统与外界可以交换能量，更有一些系统还可以与外界交换粒子. 对于这些非孤立系统，尽管也可以将其与外界环境结合起来用熵判别是否平衡，但引进自由能等新的态变量作为非孤立系统平衡的判据会更方便. 此外，除了 2.1 节介绍的孤立复合系统中两个子系统之间通过交换能量所达到的热平衡，还有一些系统内部的子系统之间会交换粒子，达到相平衡（phase equilibrium）. 本章将依次对自由能和相平衡进行介绍，最后列举自由能与相平衡理论在交通系统中的一些典型应用.

3.1　自　由　能

在 2.3 节中可以看到，对于孤立系统用熵增定律就可以判断其中发生的不可逆过程的方向，但判断其他类型系统的不可逆过程方向时就不能直接使用熵. 例如体积保持恒定的封闭系统，它可以与外界巨大的热库接触而交换能量. 在这种情况下，外界热库要比系统大得多，最终会使系统保持外界恒定的温度，外界与系统接触中导致外界本身的变化可以忽略，这种过程被称为等温过程. 为了直接判断等温过程的方向，引入新的态函数会带来很大的方便.

3.1.1　亥姆霍兹自由能

对于等温过程，热力学第二定律可以表述为

$$\Delta S = S_2 - S_1 \geqslant \int_1^2 \frac{\mathrm{d}Q}{T} = \frac{Q}{T}, \tag{3.1}$$

其中 S_1 是系统初态时的熵，S_2 是系统终态时的熵，等号对应可逆过程，大于号对应不可逆过程，T 代表热库的恒定温度.

将热力学第一定律 $Q = \Delta U - W$ 代入上式，可得

$$\Delta U - T\Delta S \leqslant W, \tag{3.2}$$

即

$$U_2 - U_1 - T(S_2 - S_1) \leqslant W. \tag{3.3}$$

由于初态和终态系统的温度与热库温度相同，即 $T_1 = T_2 = T$，代入上式可得

$$(U_2 - T_2 S_2) - (U_1 - T_1 S_1) \leqslant W. \tag{3.4}$$

此时可以引入一个新的态函数

$$F = U - TS, \tag{3.5}$$

这被称为亥姆霍兹（Helmholtz）函数或亥姆霍兹自由能（以下简称自由能）. 自由能是在可逆等温过程中，系统能用以对外"自由"做功的那部分能量. 在绝热过程中，根据热力学第一定律，系统[①]对外做的功等于内能 U 的减小. 但在等温过程中，体系还要与外界交换热量，因而它对外所做的功不再等于内能的减小，而等于内能的减小加上从外界吸收的热量 TS.

引入自由能后可将式 (3.4) 写为

$$\Delta F = F_2 - F_1 \leqslant W, \tag{3.6}$$

其中等号对应可逆等温过程，小于号对应不可逆等温过程.

如果这个系统是体积 V 保持恒定的封闭系统，在除膨胀功以外没有其他形式功（例如电磁功）的情况下就有 $W = 0$，因此上式可写为

$$\Delta F \leqslant 0, \tag{3.7}$$

这说明在等温等容过程中系统的自由能不会增加：若过程是可逆的，自由能不变；若过程是不可逆的，自由能减少. 由此就提供了判断不可逆等温等容过程方向的普遍准则，即向着自由能减小的方向进行. 当自由能不变时，即其微分

$$\mathrm{d}F = \mathrm{d}U - T\mathrm{d}S - S\mathrm{d}T = T\mathrm{d}S - p\mathrm{d}V - T\mathrm{d}S - S\mathrm{d}T = -p\mathrm{d}V - S\mathrm{d}T = 0 \tag{3.8}$$

时，系统就达到了平衡态.

3.1.2　吉布斯函数

类似地，对于一个压强保持恒定的、与外界巨大热库热接触的封闭系统，热源维持恒定的温度 T 和压强 p，系统初态和终态的温度与压强均与热源相同，即 $T_1 = T_2 = T$，$p_1 = p_2 = p$. 对于式 (3.6) 等温过程自由能的性质 $\Delta F \leqslant W$，由于等温等压过程的膨胀功为 $-p\Delta V$，一般可将 W 写为

$$W = W' - p\Delta V, \tag{3.9}$$

---

① 这种系统被称为保守系统.

其中 W' 是非膨胀功. 此时式 (3.6) 可以改写为

$$F_2 - F_1 + p(V_2 - V_1) = (F_2 + p_2 V_2) - (F_1 + p_1 V_1) \leqslant W'. \tag{3.10}$$

此时可以引入一个新的态函数

$$G = F + pV = U - TS + pV, \tag{3.11}$$

这被称为吉布斯函数或吉布斯自由能. 在没有非膨胀功的情况下, 即 $W' = 0$, 式 (3.10) 就可以改写为

$$\Delta G \leqslant 0, \tag{3.12}$$

这说明在等温等压过程中系统的吉布斯函数永不增加: 若过程是可逆的, 吉布斯函数不变; 若过程是不可逆的, 吉布斯函数减少. 由此就提供了判断不可逆等温等压过程方向的普遍准则, 即向着吉布斯函数减小的方向进行. 当吉布斯函数不变时, 即其微分

$$dG = TdS - pdV - TdS - SdT + Vdp + pdV = -SdT + Vdp = 0 \tag{3.13}$$

时, 系统达到平衡态.

3.1.3 态函数小结

第 1、2 章已经介绍了三个基本的态函数: 第零定律中的温度 T、第一定律中的内能 U 和第二定律中的熵 S. 本章又介绍了两个辅助的态函数: 自由能 F 和吉布斯函数 G. 此外, 化学纯的气体还有两个基本的态函数: 压强 p 和体积 V. 在这些态函数中, U、F、G 也被称为特性函数或热力学势 (thermodynamic potential), T、S、p、V 也被称为自然变量 (natural variable). 表 3.1 展示了这些态函数之间的关系. 表 3.2 总结了三类系统的一些主要函数与方程.

表 3.1 态函数之间的关系

U		pV
TS	F	pV
TS	G	

表 3.2 三类系统的主要函数与方程

系统	态函数	特性函数	微分方程	偏微分方程
保守系统	U	$U(S, V)$	$dU = TdS - pdV$	$T = \left(\dfrac{\partial U}{\partial S}\right)_V, p = -\left(\dfrac{\partial U}{\partial V}\right)_S$
等温等容	$F = U - TS$	$F(T, V)$	$dF = -pdV - SdT$	$S = -\left(\dfrac{\partial F}{\partial T}\right)_V, p = -\left(\dfrac{\partial F}{\partial V}\right)_T$
等温等压	$G = F + pV$	$G(T, p)$	$dG = -SdT + Vdp$	$S = -\left(\dfrac{\partial G}{\partial T}\right)_p, V = \left(\dfrac{\partial G}{\partial p}\right)_T$

3.2 相 平 衡

3.2.1 相

相是指系统中性质均匀的部分. 如果一个系统各部分的性质完全相同，就称为均匀系，或单相系；如果各部分的性质不同，则称为非均匀系，或复相系，其中每一个性质均匀的部分就是一个相. 例如一个水和水蒸气共存的系统，整个系统并不是完全均匀的，而是分离成各自均匀但性质不同的两部分：水和水蒸气. 这两部分就是系统的两个相：液相和气相.

3.2.2 化学势

2.4 节在介绍巨正则系综时已经使用了化学势这一名词. 此处给出化学势的具体定义：如果向系统中加入一个粒子而不改变系统的体积或熵，系统的内能就会改变一个量，这个改变量被称为化学势（chemical potential），用 μ 来表示. 在这种粒子数变化的情况下，式 (2.20) 的热力学基本微分方程需要加入粒子改变的一项来修正：

$$\mathrm{d}U = T\mathrm{d}S - p\mathrm{d}V + \mu\mathrm{d}N, \tag{3.14}$$

这说明可以将 μ 写为 U 的一个偏微分

$$\mu = \left(\frac{\partial U}{\partial N}\right)_{S,V}. \tag{3.15}$$

类似地，根据自由能 $F = U - TS$ 和吉布斯函数 $G = U + pV - TS$，有

$$\mathrm{d}F = -p\mathrm{d}V - S\mathrm{d}T + \mu\mathrm{d}N \tag{3.16}$$

和

$$\mathrm{d}G = V\mathrm{d}p - S\mathrm{d}T + \mu\mathrm{d}N, \tag{3.17}$$

以及

$$\mu = \left(\frac{\partial F}{\partial N}\right)_{T,V}, \tag{3.18}$$

或者

$$\mu = \left(\frac{\partial G}{\partial N}\right)_{p,T}. \tag{3.19}$$

当系统中有多种粒子时，式 (3.14) 可以推广为

$$\mathrm{d}U = T\mathrm{d}S - p\mathrm{d}V + \sum_i \mu_i\mathrm{d}N_i, \tag{3.20}$$

其中 μ_i 是第 i 种粒子的化学势，N_i 是第 i 种粒子的数量.

类似地，有方程

$$dF = -pdV - SdT + \sum_i \mu_i dN_i \tag{3.21}$$

和

$$dG = Vdp - SdT + \sum_i \mu_i dN_i. \tag{3.22}$$

此外，如果用小写的 u、s、v 分别表示单粒子的平均内能、熵和体积，即

$$U = Nu, \quad V = Nv, \quad S = Ns, \tag{3.23}$$

那么

$$dU = Ndu + udN = N(Tds - pdv) + udN = TNds - pNdv + udN$$
$$= T(dS - sdN) - p(dV - vdN) + udN = TdS - pdV + (u - Ts + pv)dN. \tag{3.24}$$

联合式 (3.11)、(3.14)、(3.23) 和 (3.24) 可知

$$\mu = u - Ts + pv = \frac{U - TS + pV}{N} = \frac{G}{N}, \tag{3.25}$$

即化学势 μ 是单粒子的吉布斯函数.

3.2.3　相平衡条件

根据式 (3.14) 可知

$$dS = \frac{dU}{T} + \frac{pdV}{T} - \frac{\mu dN}{T}. \tag{3.26}$$

如果把熵 S 看作 U、V、N 的一个函数 $S(U, V, N)$，那么

$$dS = \left(\frac{\partial S}{\partial U}\right)_{N,V} dU + \left(\frac{\partial S}{\partial V}\right)_{N,U} dV + \left(\frac{\partial S}{\partial N}\right)_{U,V} dN. \tag{3.27}$$

根据以上两式可以确定存在下列关系：

$$\left(\frac{\partial S}{\partial U}\right)_{N,V} = \frac{1}{T}, \quad \left(\frac{\partial S}{\partial V}\right)_{N,U} = \frac{p}{T}, \quad \left(\frac{\partial S}{\partial N}\right)_{U,V} = -\frac{\mu}{T}. \tag{3.28}$$

现在考虑一个包含两个相的孤立系统，系统的内能 U、体积 V、粒子总数 N 不变，两相的温度相同，但两相之间会交换粒子，即满足

$$N = N_1 + N_2 \tag{3.29}$$

以及

$$dN = dN_1 + dN_2 = 0. \tag{3.30}$$

根据式 (3.27) 和 (3.28)，此时系统的熵变可以写为

$$\begin{aligned}
dS &= \left(\frac{\partial S_1}{\partial N_1}\right)_{U,V} dN_1 + \left(\frac{\partial S_2}{\partial N_2}\right)_{U,V} dN_2 \\
&= \left(\frac{\partial S_1}{\partial N_1}\right)_{U,V} dN_1 + \left(\frac{\partial S_2}{\partial N_2}\right)_{U,V} (dN - dN_1) \\
&= \left(\frac{\mu_2}{T} - \frac{\mu_1}{T}\right) dN_1 \geqslant 0.
\end{aligned} \tag{3.31}$$

可以看到，当两相的化学势相等，即 $\mu_2 = \mu_1$ 时，系统就达到了相平衡.

如果系统未达到相平衡，例如 $\mu_2 > \mu_1$，系统必然向着熵增大的方向进行，即 $dS > 0$. 由式 (3.31) 可知，此时 $(\mu_2 - \mu_1)dN_1 > 0$，再由 $\mu_2 > \mu_1$ 可知，$dN_1 > 0$，即粒子从第二相转入第一相，第一相的粒子数增加. 由此可见，从相不平衡达到相平衡的过程中，物质总是从化学势高的相转入化学势低的相，就好像电流总是从电势高的地方流向电势低的地方一样. 此外，不仅在粒子数固定不变的孤立系统中，在粒子数不固定[①]的化学反应中也存在类似的规律，这也是 μ 被称为化学势的原因.

使用类似上述求解相平衡的熵判据方法，还可以求解其他类型的平衡.

考虑一个包含两个子系统的孤立系统，子系统之间只交换能量，即满足

$$U = U_1 + U_2 \tag{3.32}$$

以及

$$dU = dU_1 + dU_2 = 0. \tag{3.33}$$

根据式 (3.27) 和 (3.28)，此时系统的熵变可以写为

$$\begin{aligned}
dS &= \left(\frac{\partial S_1}{\partial U_1}\right)_{N,V} dU_1 + \left(\frac{\partial S_2}{\partial U_2}\right)_{N,V} dU_2 \\
&= \left(\frac{\partial S_1}{\partial U_1}\right)_{N,V} dU_1 + \left(\frac{\partial S_2}{\partial U_2}\right)_{N,V} (dU - dU_1) \\
&= \left(\frac{1}{T_1} - \frac{1}{T_2}\right) dU_1 \geqslant 0.
\end{aligned} \tag{3.34}$$

[①] 例如在 $2H_2 + O_2 \longrightarrow 2H_2O$ 的化学反应过程中，三个分子会变成两个分子.

如果 $T_1 > T_2$，那么 $dU_1 < 0$，表示温度高的子系统内能将减少，温度低的子系统内能将增加，即热量从高温子系统流向较低温的子系统. 当 $T_1 = T_2$ 时，系统达到热平衡.

类似地，考虑一个包含两个子系统的等温等容系统，两个子系统的温度相同，即 $T_1 = T_2 = T$，但体积会变化，即

$$V = V_1 + V_2 \tag{3.35}$$

以及

$$dV = dV_1 + dV_2 = 0. \tag{3.36}$$

根据式 (3.27) 和 (3.28)，此时系统的熵变可以写为

$$
\begin{aligned}
dS &= \left(\frac{\partial S_1}{\partial V_1}\right)_{N,U} dV_1 + \left(\frac{\partial S_2}{\partial V_2}\right)_{N,U} dV_2 \\
&= \left(\frac{\partial S_1}{\partial V_1}\right)_{N,U} dV_1 + \left(\frac{\partial S_2}{\partial V_2}\right)_{N,U} (dV - dV_1) \\
&= \left(\frac{p_1}{T} - \frac{p_2}{T}\right) dV_1 \geqslant 0.
\end{aligned}
\tag{3.37}
$$

如果 $p_1 > p_2$，那么 $dV_1 > 0$，表示高压部分体积膨胀，低压部分体积减小. 当 $p_1 = p_2$ 时，系统达到力学平衡，系统两部分的压强相等.

最后，如果系统两部分的温度、压强、粒子数都可变，系统的熵变就可以写为

$$dS = \left(\frac{1}{T_1} - \frac{1}{T_2}\right) dU_1 + \left(\frac{p_1}{T_1} - \frac{p_2}{T_2}\right) dV_1 - \left(\frac{\mu_1}{T_1} - \frac{\mu_2}{T_2}\right) dN_1 \geqslant 0. \tag{3.38}$$

由于该式中的 dU_1、dV_1、dN_1 都可以独立改变，因此平衡条件为

$$T_1 = T_2; \quad p_1 = p_2; \quad \mu_1 = \mu_2. \tag{3.39}$$

注意，如果把式 (3.38) 中下标为 1 的部分看作一个开放系统，把下标为 2 的部分看作外界环境，那么式 (3.39) 也是开放系统与外界环境之间的平衡条件.

3.3   应 用 示 例

第 1 章的 1.4.3 小节用最可几分布（即最大熵模型）导出了群体选择出行目的地的引力模型，但在模型设定约束条件时假设群体出行的总成本 C 是固定的，这在实

际的群体出行中是不可能预先知道的 [①]. 本节将使用自由能和相平衡理论为出行者的目的地（以及交通方式、出行路径）选择行为建模，克服最大熵模型的上述缺点.

3.3.1 出行目的地选择

先考虑只从一个起点 i 出发的 $O_i \gg 1$ 个出行者的目的地选择行为. 出行者可以选择的目的地有 M 个，目的地 j $(j = 1, 2, \cdots, M)$ 能带给其选择者的效用包括目的地的固定收益、路途上的固定成本等构成的固定效用，还包括去往同一目的地的出行者们相互影响所导致的路途拥堵成本和目的地拥挤成本构成的可变效用. 这两者的和是一个单调递减函数，即选择的人越多，效用就越低（或者说由成本减去收益得到的广义成本就越高），这在经济学中被称为边际效用（marginal utility）函数. 假设出行者在选择目的地时都希望自己能获得的效用最大化，那么问题就变成了：个体如何选择才能让自己获得最大的效用？

这一问题与经济学中的一个消费者在支出预算固定的条件下如何购买多种商品的问题是非常类似的 [46]. 消费者在购买这些商品时，为了让所购买的各种商品提供的总效用（即各种商品边际效用积分的和，见图 3.1(a) 中粗黑线下方部分）最大化，最佳策略就是让任何一种商品的边际效用等于其他任何一种商品的边际效用，这被称为"等边际准则". 如果消费者改变这一策略，把购买某种商品的一部分钱拿去购买另一种商品，就会使少买前一种商品所损失的效用超过多买后一种商品所增加的效用，从而使自身获取的总效用（见图 3.1(b) 中粗黑线下方部分）降低. 因此，消费者不会改变等边际效用的各种商品的数量，此时系统的状态在经济学中被称为"消费者均衡".

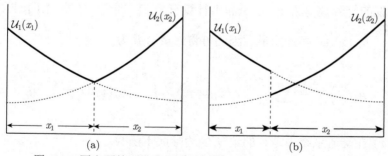

图 3.1 固定预算下消费者选择两种商品所获总效用的示意图

图中两条曲线是两种商品的边际效用函数，分别记为 $\mathcal{U}_1(x_1)$ 和 $\mathcal{U}_2(x_2)$，其中 x_1 和 x_2 分别是购买商品 1 和商品 2 的数量. 简单起见，此处假设两种商品价格相等. 由于预算是固定的，因此 $x_1 + x_2$ 的值也是固定的. 粗黑线下方的面积就是消费者获取的总效用. 对比子图 (a) 和 (b) 可以看出，只有两种商品边际效用相等时，总效用才会达到最大

---

① 而孤立系统的总内能是可以提前知道的.

类似地，交通系统中的理性出行者也会遵循等边际准则，他们的最佳目的地选择策略同样是让所有目的地的边际成本都相等. 此时若任何一个出行者将自己已选定的目的地更改为另一个目的地，只会提高自己的成本，系统的总边际成本也会增加. 因此，理性的出行者都会遵循等边际准则以使自身的广义成本最小化，此时系统的总边际成本也会达到最小，这种状态在交通科学中被称为"用户均衡"（user equilibrium，UE）[47].

可以看到，消费者均衡、用户均衡和 3.2 节介绍的相平衡① 条件是非常类似的——相平衡的条件是各相的化学势 μ 相等，消费者（或用户）均衡的条件是各选项边际效用（或边际成本）相等；在不平衡时，粒子会由高化学势的相转往低化学势的相，而消费者则会由低效用（高成本）选项转移到高效用（低成本）选项，直至平衡. 因此，可以用化学势和相平衡理论为出行目的地选择行为建模.

针对出行目的地选择问题，将式 (3.21) 中的 $\sum_i \mu_i \mathrm{d}N_i$ 改写为

$$\sum_j \mu_{ij}\mathrm{d}T_{ij}, \tag{3.40}$$

其中 μ_{ij} 是从起点 i 到目的地 j 的广义成本（负效用），T_{ij} 是从起点 i 到目的地 j 的出行量，$\sum_j T_{ij} = O_i$（相当于各相粒子数的总和）. 对式 (3.21) 的两端求积分，可得

$$F = U - \tau S + \sum_j \int_0^{T_{ij}} \mu_{ij}(x)\mathrm{d}x. \tag{3.41}$$

此处将温度的符号改写为 τ，以免和出行量符号 T_{ij} 冲突. 另外，由于上式中的 U 和 $\sum_j \int_0^{T_{ij}} \mu_{ij}(x)\mathrm{d}x$ 都是能量，因此可将二者合并为

$$U+\sum_j \int_0^{T_{ij}} \mu_{ij}(x)\mathrm{d}x = \sum_j \int_0^{T_{ij}} xE_{ij}\mathrm{d}x + \sum_j \int_0^{T_{ij}} \mu_{ij}(x)\mathrm{d}x = \sum_j \int_0^{T_{ij}} u_{ij}(x)\mathrm{d}x, \tag{3.42}$$

其中 $u_{ij}(x)$ 在交通系统中是目的地 j 的边际成本函数.

先考虑 $\tau = 0$ 的情况. 此时可以通过求解以下有约束极值问题

$$\min \quad F = \sum_j \int_0^{T_{ij}} u_{ij}(x)\mathrm{d}x, \tag{3.43}$$
$$\text{s.t.} \quad \sum_j T_{ij} = O_i,$$

① 均衡与平衡的英文都是 equilibrium.

得到系统达到平衡态时 T_{ij} 的值.

式 (3.43) 说明, 在已知各目的地边际成本函数的前提下, 可以通过求解以系统总边际成本 [①] 最小为目标函数、以出行者总量为约束的最优化模型来预测选择各个目的地的出行者数量. 这个模型在数学形式上与交通科学中的用户均衡模型和博弈论中的势博弈 (potential game) 模型[48]都是一致的, 它们都反映了理性个体之间的相互作用. 此外, 式 (3.43) 也给了势博弈一个新的解释 [②]: 参与者只会追求自身效用 (即博弈中的收益) 最大化, 采用的最佳策略就是让自己所选选项与其他被选选项的边际效用都相等. 当所有参与者都遵循这样的等边际准则时, 各个选项边际效用函数积分之和 (即总边际效用) 自然就是最大的. 换句话说, 总势函数最大是参与者最优选择策略的结果, 这就是势博弈模型的本质.

前述式 (3.43) 的模型认为出行者是完全理性的, 他们都完全掌握了选项的全部信息. 但在实际中, 人的知识和信息处理能力总是有限的, 不可能掌握选项的全部信息, 只能根据其掌握的有限信息作出理性的决策. Simon 将这种理性称为有限理性[49]. 有限理性的出行者很难精确知道所有目的地的真实效用 (负成本). 在这种情况下, 出行者对所有目的地都会有一定的选择概率 P_{ij}. 如果出行者想获得更高的预期效用, 就必须通过信息处理以获取更多有关目的地效用的知识. 而对于获取这些知识所需的信息量最自然的度量就是信息熵 $H = -\sum\limits_j P_{ij} \ln P_{ij}$ (见 2.6节). 当个体未进行信息处理而完全不了解各选项效用时, 个体只能纯随机地选择选项, 此时系统的信息熵 $H = \ln M$ 是最大的, 个体付出的信息处理量是 $I = 0$; 若个体想完全了解所有选项的效用, 就必须处理系统所有的信息量, 此时个体一定会选择效用最大的选项, 系统的信息熵 $H = 0$ 是最小的, 而付出的信息处理量则是 $I = \ln M$. 这说明信息处理量 I 是系统信息熵 H 的减函数, 即 $I = \ln M - H$. 但 $\ln M$ 这一常量在最优化模型的目标函数中是可以被忽略的, 因此最终体现信息处理量的函数是负信息熵 $-H$. 如果信息量的单位价格是 τ, 那么需要付出的信息处理成本就是 $-\tau H$. 此时出行者就要权衡预期效用 (负的广义成本) 与信息处理成本, 作出最优选择:

---

① 注意总边际成本 F 与总成本 $C = \sum\limits_j T_{ij} c_{ij}$ 是不同的. 以总成本 C 为目标函数的模型在交通科学中被称为系统最优 (system optimal, SO) 模型[47]. 该模型的结果不是个体自发选择的结果, 因为其中被选项的成本未达到均衡. 实际中处于高成本选项的个体一定会转移到低成本选项, 最终会使各个被选项的成本都相同.

② Monderer 和 Shapley 将他们建立的模型[48]命名为势博弈模型, 是因为势博弈中的势函数与化学势在数学形式上相似, 但并不知道势博弈的目标函数在经济学上的含义是什么: "这引出了关于 P^* (注: 势博弈的目标函数) 的经济内涵 (或解释) 的自然问题: 这些企业试图共同最大化什么? 我们目前还没有这个问题的答案". 原文是 "This raises the natural question about the economic content (or interpretation) of P^*: What do the firms try to jointly maximize? We do not have an answer to this question.".

$$\text{min} \quad F = \sum_j \int_0^{T_{ij}} u_{ij}(x)\mathrm{d}x - \tau S,$$

$$\text{s.t.} \quad \sum_j T_{ij} = O_i, \tag{3.44}$$

其中 $S = O_i H$ 就是该系统的总信息熵.

可以看到,式 (3.44) 的目标函数与式 (3.21) 中包含化学势的亥姆霍兹自由能在数学形式上是相同的,因此本书将式 (3.44) 称为自由效用模型. 换句话说,出行目的地选择系统可类比为一个包含若干子系统、与热库进行热接触的等温等容系统——出行者的数量类比为粒子的数量,地点的边际成本 u_{ij} 类比为子系统的化学势,信息价格 τ 类比为热库的温度,总信息熵 S 类比为等温等容系统的熵,信息处理成本 $-\tau S$ 类比为等温等容系统与热库之间交换的热量. 但这两个系统的本质是不同的:等温等容系统遵循自由能最低原理使系统达到平衡状态,在该状态下所有子系统均具有相同的化学势;而出行目的地选择系统自由效用的最大化则是出行者遵循等边际准则做出的最优选择策略所导致的结果,这更好地描述了出行者的目的地选择行为.

3.3.2   引力模型

将式 (3.44) 中的目的地边际成本函数具体化为

$$u_{ij}(T_{ij}) = c_{ij} - A_j + \gamma \ln T_{ij}, \tag{3.45}$$

其中 c_{ij} 是路途上的固定成本,A_j 是目的地的固定效用,$\gamma \ln T_{ij}$ 是简化的拥挤成本函数(包含了路途拥堵成本和目的地拥挤成本),γ 是一个非负参数. 则式 (3.44) 可写为

$$\text{min} \quad \sum_j \int_0^{T_{ij}} (c_{ij} - A_j + \gamma \ln x)\mathrm{d}x - \tau S,$$

$$\text{s.t.} \quad \sum_j T_{ij} = O_i. \tag{3.46}$$

用拉格朗日乘子法求解上式,可得

$$T_{ij} = O_i \frac{\mathrm{e}^{(A_j - c_{ij})/(\gamma + \tau)}}{\sum_j \mathrm{e}^{(A_j - c_{ij})/(\gamma + \tau)}}, \tag{3.47}$$

这就是单约束引力模型. 其中,参数 τ 反映了有限理性个体信息处理的信息量价格,参数 γ 则反映了个体之间的相互作用强度. 当 $\tau \to \infty$ 时,意味着信息处理

的成本过高, 出行者就变成完全无理性, 会纯随机地选择一个目的地, 各个目的地最终被选择的概率都会相等; 当 $\tau = 0$、$\gamma = 0$ 时, 没有相互作用的完全理性的出行者都会选择固定效用最高的目的地; 当 $\tau = 0$、$\gamma > 0$ 时, 意味着信息处理没有成本, 出行者是完全理性的, 此时自由效用模型就退化为势博弈模型; 当 $\tau > 0$、$\gamma = 0$ 时, 意味着出行者之间是没有相互作用的, 此时自由效用模型就退化为 Logit 模型.

截至目前, 我们只考虑了仅含一个起点的系统中的目的地选择行为. 当起点数量为多个时, 目的地 j 的效用将不只是受到从起点 i 到目的地 j 的出行量 T_{ij} 的影响, 而是会受所有起点 i 到目的地 j 的总出行量的影响. 此时目的地 j 的成本函数就可以写为

$$u_{ij}(T_{ij}, D_j) = c_{ij} - A_j + g_{ij}(T_{ij}) + l_j(D_j), \tag{3.48}$$

其中 D_j 是选择目的地 j 的总到达量, 即 $D_j = \sum_i T_{ij}$, $g_{ij}(T_{ij})$ 是路途拥堵成本, $l_j(D_j)$ 是目的地 j 的拥挤成本.

如果目的地的 D_j 也像起点的总出行量 O_i 一样都是固定值, 那么目的地 j 的拥挤成本 $l_j(D_j)$ 也是固定值, 可被纳入目的地 j 的固定效用 A_j 中. 在这种情况下只有路途拥堵成本 $g_{ij}(T_{ij})$ 会影响出行者的选择行为. 如果令 $g_{ij}(T_{ij}) = \gamma \ln T_{ij}$, 则系统的自由效用模型可写为

$$\begin{aligned} \min \quad & \sum_i \sum_j \int_0^{T_{ij}} (c_{ij} - A_j + \gamma \ln x)\mathrm{d}x - \tau S, \\ \text{s.t.} \quad & \sum_j T_{ij} = O_i, \\ & \sum_i T_{ij} = D_j. \end{aligned} \tag{3.49}$$

用拉格朗日乘子法求解上式, 可得

$$T_{ij} = a_i b_j \frac{O_i D_j}{\mathrm{e}^{c_{ij}/(\gamma+\tau)}}, \tag{3.50}$$

这就是双约束引力模型. 其中, $a_i = 1/\sum_j b_j D_j \mathrm{e}^{-c_{ij}/(\gamma+\tau)}$, $b_j = 1/\sum_i a_i O_i \mathrm{e}^{-c_{ij}/(\gamma+\tau)}$.

当 $\tau > 0$、$\gamma = 0$ 时, 意味着出行者之间没有相互作用, 式 (3.50) 就退化为用最大熵模型导出的双约束引力模型, 参见 1.4.3 小节的式 (1.41); 当 $\tau = 0$、$\gamma = 0$ 时, 式 (3.50) 就退化为运输问题, 即在产量 O_i 和销量 D_j 都固定时, 如何制定合理的运输方案能使总的运输成本 $\sum_i \sum_j (c_{ij} - A_j) T_{ij}$ 最低; 当 $\tau \to \infty$ 时, 意味着

式 (3.49) 目标函数中的第一项被忽略了, 式 (3.50) 就退化为先验概率模型[50], 其解为 $T_{ij} \propto O_i D_j$.

至此, 本小节已经用自由效用模型解释了引力定律的成因: 就是有限理性的出行者在相互作用下选择目的地的行为所导致的宏观状态. 而之前的研究只是抓住了一部分: 最大熵模型和 Logit 模型都未考虑实际中普遍存在的个体相互作用; 而考虑了个体相互作用的势博弈和 UE 模型则假设出行者都是完全理性的, 忽略了实际中个体理性有限这一关键特征.

3.3.3　出行路径选择

前述约束条件 $\sum_j T_{ij} = O_i$ 和 $\sum_i T_{ij} = D_j$ 是交通科学中的出行需求预测四阶段法所给定的. 在四阶段法第一阶段预测完所有出行起点的出发量 O_i 和出行终点的到达量 D_j 后, 第二阶段就要以这两个量作为约束条件来预测出行分布量 (见式 (3.49)). 但在实际的目的地选择行为中, 目的地 j 的到达量 D_j 并不是提前指定的, 而是出行者们选择目的地的结果. 换句话说, 选择目的地 j 的总人数 $\sum_i T_{ij}$ 是可变的, 而且会改变目的地 j 的拥挤成本. 对于这种情况, 依然可以用自由效用函数为其建模. 为便于理解, 可以把多起点的目的地选择问题描述为一个虚拟网络上的路径选择问题. 图 3.2 是虚拟网络的一个简单示例.

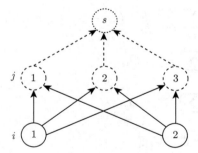

图 3.2　描述多起点目的地选择问题的虚拟网络示例[51]

在这个网络中, 最下层的节点是编号为 i 的起点, 中间层的节点是编号为 j 的目的地, 这两层节点之间有向边上的流量是 T_{ij}, 成本函数为 $u_{ij}(T_{ij})$. 最上层的一个节点是虚拟的终点 s, 从真实目的地 j 到虚拟终点 s 之间的有向边上的流量就是选择目的地 j 的总人数 $\sum_i T_{ij}$, 成本函数为 $u_j(\sum_i T_{ij})$. 起点 i 的 O_i 个出行者在这个网络中能够到达虚拟终点 s 的路径由图中的一条实线有向边 ij 和对应的虚线有向边 js 组成

在这种虚拟网络中起点和终点都是网络中的节点, 每个起点 i 到终点 j 之间都存在一条有向边. 在实际终点 j 后面又增加了一个虚拟节点 s, 并从 j 到 s 添加一条有向边. 这样, 从起点 i 出发的个体就有 M 条路径, 每条路径由 ij、js 两

条边组成. 流经边 ij 的流量是 T_{ij}, 流经边 js 的流量是 $\sum\limits_i T_{ij}$. 边 ij 的成本函数

是 $u_{ij}(T_{ij}) = c_{ij} + g_{ij}(T_{ij})$, 边 js 的成本函数则是 $u_j(\sum\limits_i T_{ij}) = l_j(\sum\limits_i T_{ij}) - A_j$.

这个网络上的自由效用模型就可以写为

$$
\begin{aligned}
\min \quad & \sum_i \sum_j \int_0^{T_{ij}} u_{ij}(x)\mathrm{d}x + \sum_j \int_0^{\sum_i T_{ij}} u_j(x)\mathrm{d}x - \tau S, \\
\text{s.t.} \quad & \sum_j T_{ij} = O_i, \\
& T_{ij} \geqslant 0,
\end{aligned}
\tag{3.51}
$$

其中约束条件 $T_{ij} \geqslant 0$ 的含义是一些目的地可能没有人会选择, 这是由于实际中起点 i 的人数 O_i 是有限的 [①]. 此时的自由效用模型在数学形式上恰好是交通科学中分配网络交通流的随机用户均衡 (stochastic user equilibrium, SUE) 模型 [②]. 当 $\tau = 0$ 时, 式 (3.51) 就退化为的 UE 模型.

从式 (3.51) 可以看到, 自由效用模型不仅能描述出行者的目的地选择行为, 还可以描述路径选择行为. 除此之外, 自由效用模型还可以描述出行方式选择行为. 在式 (3.47) 后已经说明, 交通科学中预测方式划分最常用的 Logit 模型就是自由效用模型的特例. 相比 Logit 模型, 自由效用模型的优势是能体现出行者之间的相互作用, 例如地铁车辆内的拥挤程度会对地铁方式的效用产生影响. 而传统的 Logit 模型并未考虑实际交通系统中普遍存在的个体相互作用.

综上所述, 自由效用模型可以分别描述出行者的方式、目的地和路径选择行为. 但在实际中, 计划出行的人并不会像交通需求预测四阶段法描述的那样, 分阶段地考虑去往何地、使用何种交通方式和选择哪条路径, 而是会同时考虑这些问题. 因此, 还应该在自由效用模型框架下对出行方式、目的地和路径选择行为进行组合建模.

此处用一种网络拓展方法来建立同时包含出行者目的地、方式和路径选择行为的组合模型, 示意图见图 3.3. 图中最下层是包含城市道路和地铁线路的综合交通网络, 其中圆圈表示一个可产生和吸引出行量的地点 (即交通小区的形心), 用 i 来作为这些地点的编号. 图中的方点则表示实际交通网络中道路之间的交叉口或地铁的车站. 最下层的实线是道路路段, 点划线是地铁线路段, 用 a 来作为这些路段的编号. 路段的成本函数为 $u_a(x_a)$, 其中 x_a 是路段 a 的流量. 在原始的交通网络上为每个地点 i 增加一个虚拟节点 i', 见图 3.3 中间层的圆圈. 在 i

---

① 在 3.3.1 小节中假设了 $O_i \gg 1$, 只有这样才能导出引力模型.

② 已经有很多算法可以求解这类模型, 得出网络中所有连边上的流量, 本书不再介绍求解细节.

和对应的 i' 之间增加一条有向边 ii'，见图 3.3 中的虚线. 边 ii' 上的流量为 $x_{ii'}$，成本函数为 $l_{ii'}(x_{ii'})$. 进一步为每个地点 i 增加一个虚拟的终点 i''，见图 3.3 最上层的圆圈. 在 i' 与对应 i'' 之外的所有虚拟终点之间都增加一条有向边 $i'i''$，见图 3.3 中的点线. 边 $i'i''$ 上的流量为 $x_{i'i''}$，其效用为 $A_{i'}$（即地点 i 作为目的地时的固定效用）.

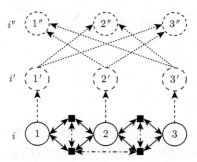

图 3.3　拓展交通网络示例[52]

最下层是实际交通网络，其中圆圈是交通小区形心，编号为 i，方点表示道路交叉口或地铁车站，实线（点划线）表示道路路段（地铁线路段）. 中间层是与交通小区形心一一对应的虚拟节点，编号为 i'. 从最下层连接到中间层的虚线是小区形心 i 和对应虚拟节点 i' 之间的有向边 ii'. 最上层是虚拟终点，编号为 i''. 从中间层连接到最上层的点线是虚拟节点 i' 和对应虚拟终点 i'' 之外的所有虚拟终点之间的有向边 $i'i''$

在这个拓展交通网络中，可以将起点 i 的出行者数量 O_i 看成 i 到 i'' 的出行分布量，即从 i 出发的所有出行者最后都会到达虚拟终点 i''，出行者只需要在这个拓展交通网络上进行路径选择. 从图 3.3 中可以看到，i 的出行者在选择到虚拟终点 i'' 路径的同时也选择了真实的目的地 i'. 这个拓展网络上的自由效用模型可以写为

$$
\begin{aligned}
\min \quad & \sum_a \int_0^{x_a} u_a(x)\mathrm{d}x + \sum_{i'} \int_0^{x_{ii'}} l_{ii'}(x)\mathrm{d}x - \sum_{i''}\sum_{i'\neq i''} A_{i'}x_{i'i''} - \tau\sum_i S_i, \\
\mathrm{s.t.} \quad & \sum_k f_i^k = O_i, \\
& f_i^k \geqslant 0,
\end{aligned}
$$

$$(3.52)$$

其中，$S_i = -\sum_k f_i^k \ln\dfrac{f_i^k}{O_i}$ 是信息处理熵，f_i^k 是从起点 i 到虚拟终点 i'' 的第 k 条路径上的流量. 路径流量 f_i^k 与拓展网络中所有连边上的流量 x_a 之间的关系为 $x_a = \sum_i\sum_k f_i^k\delta_i^{a,k}$，其中 $\delta_i^{a,k}$ 是一个 0-1 变量，如果起点为 i 的第 k 条路径上包含连边 a，则 $\delta_i^{a,k} = 1$，否则 $\delta_i^{a,k} = 0$.

与式 (3.51) 类似, 式 (3.52) 是一个拓展交通网络上的 SUE 模型. 求解这个模型不仅能得到不同交通方式的每条路段上的客流量, 还能得到交通小区间的出行分布量 (即虚拟连边 $i'i''$ 上的流量 $x_{i'i''}$) 和小区 i 的出行吸引量 (即虚拟连边 ii' 上的流量 $x_{ii'}$). 这种能同时预测出行分布和分方式交通流量的模型在交通科学中被称为出行分布–方式分担–交通分配组合模型. 与之前建立的出行分布–方式分担–交通分配组合模型不同, 此处用自由效用模型建立的组合模型更具可解释性: 它描述了有限理性的出行者在真实交通网络中的相互作用.

除了组合出行方式、目的地和路径三类选择行为, 在自由效用模型框架下还可以加入其他出行选择行为. 例如, 在图 3.3 中为每个起点 i 和它对应的虚拟终点 i'' 之间添加一条弹性需求连线并为其设置合适的效用函数, 就可以在给定潜在的最大出行发生量的前提下, 预测起点 i 实际的出行发生量. 总之, 使用更具可解释性的自由效用框架建立组合模型可以更系统地研究出行者的完整出行决策制定过程. 特别是在当前这个人类移动大数据日益丰富的时代, 通过从这些大数据中挖掘群体出行选择规律来合理设置自由效用模型中的各类效用函数, 可为定量分析处处充满出行者相互作用的复杂交通系统提供新的备选工具.

习　　题

1. 考虑一个由两个可以交换物质的子系统构成的等温等容系统, 请用自由能作为判据推导该系统的平衡条件.

2. 思考: 除了物理、交通及经济系统, 自由能理论还可以在哪些方面应用?

3. 扩展: 本章只介绍了系综、自由能、相平衡等基本概念, 还有很多重要的内容并未介绍, 例如焓、勒让德变换、麦克斯韦关系等 [1]. 对这些内容感兴趣的读者, 可以进一步阅读诸如《统计物理学》[3]、《热物理概念》[4]、《热力学和热统计物理导论》[5]、《热力学与统计物理》[6] 等更详细的统计物理教材.

---

① 不仅本章, 本书大部分章节都是如此, 只介绍热力学和统计物理中一些简单易懂的基础内容.

第 4 章　相　　变

3.2 节已经介绍了相和相平衡的概念，本章将探讨从一个相变化为另一个相的相变（phase transition）问题. 相变中最被熟知的一个例子就是水的变化：在正常气压下，水降温到 0°C 时就会结冰，升温到 100°C 时就会沸腾变成水蒸气. 这种气液固三相的变化很早就被人类观察和记载下来. 不只是水的相变，还有很多在生活中常见的相变，例如焊接时用的锡加热后会变成液体，液化气罐里装的是压缩后的石油气 [①]. 不仅如此，在物理系统以及社会系统中还存在很多相变现象. 本章将从介绍一级相变入手，再过渡到连续相变及渗流相变，最后介绍相变在交通系统中的一些典型应用.

4.1　一　级　相　变

4.1.1　相图

在 3.2 节相平衡中已经讨论了化学纯物质的复相平衡条件. 设复相系有 1、2 两个相并已达到平衡，根据式 (3.39) 的平衡条件，这两个相的温度、压强和化学势都相等. 令 T 代表两相共同的温度，p 为两相共同的压强，选择 T、p 为独立变量，则式 (3.39) 的平衡条件可以写为函数形式：

$$\mu_1(T, p) = \mu_2(T, p). \tag{4.1}$$

将上式绘制在 T-p 平面上就会产生一条曲线（见图 4.1），这种图就是相图. 图 4.1 中曲线是两相的平衡曲线，也称相界线. T 和 p 沿这条线变化时，两相共存. 当相 1 的 O 点在相图中沿水平线向右移动到达相 2 的 D 点就是一种相变，水平线与相界线的交点 B 被称为相变点. 这种相变是通过加热升温实现的，此外还可以通过降温、加减压来形成.

如果某化学纯物质（例如水）中有气液固三相同时达到平衡，则有

$$\mu_1(T, p) = \mu_2(T, p) = \mu_3(T, p). \tag{4.2}$$

用上式可以确定三相共存时的温度与压强，在 T-p 平面上表现为三条曲线的交点，即图 4.2 中的方点，这被称为三相点. 从图 4.2 中还可以看到，有三条相界线可

[①] 这也说明温度和压强是气液固相变的关键影响因素.

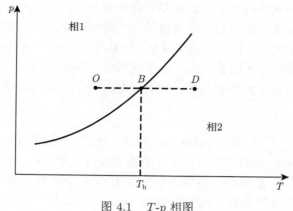

图 4.1 T-p 相图

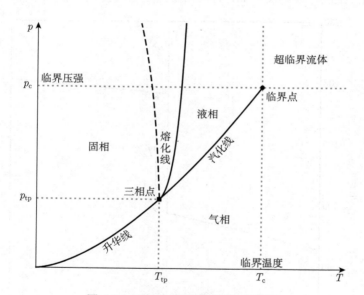

图 4.2 理想化学纯物质的示意相图

图中方点是三相点, 圆点是临界点. 实线体现了多数化学纯物质的固液气相界线特点, 而虚线体现了水与冰之间的相界线特点 (实际中水与冰以及冰与冰之间的相界线比此示意图中的要复杂得多)

以将相图分为三个区, 每个区代表一个相, 从左至右依次为固相、液相、气相, 它们之间的相界线分别为熔化线 (从固相变为液相)、汽化线 (从液相变为气相) 和升华线 (从固相变为气相). 其中, 熔化线没有终点, 无限延伸; 汽化线存在一个终点, 被称为临界点 (critical point). 超过这个临界点后, 气液两相已经不能区分, 在临界点右上方存在的物态被称为超临界流体.

　　此外，大部分化学纯物质的固液相界线斜率是正的，而水的固液相界线斜率却是负的，见图 4.2 中的虚线. 这是由于冰的结构疏松，一旦融化，机构就会坍缩形成密度稍大的水，体积也会相应减小（而其他大部分物质融化时体积会增大）. 这就导致冰的密度比水的低一些，这也是冰山会漂浮在海面上的原因. 反过来，水结冰时密度会降低导致体积增大，这就是冬天水管冻裂的原因.

4.1.2　潜热

　　图 4.3 直观展示了潜热（latent heat）这一概念. 如果把图 4.1 中的相 1 看作水的液相、相 2 看作水的气相，在保持压强不变的前提下对系统加热升温，状态点就会从 O 点到 D 点移动，当到达相变点 B 时，一部分水开始汽化. 从图 4.3 中可以看到，此时继续加热，温度却不再升高，一直保持在 T_b，直到所有的水都变成水蒸气，温度才会继续升高. 而在相变点处吸收的热量就是潜热 [①].

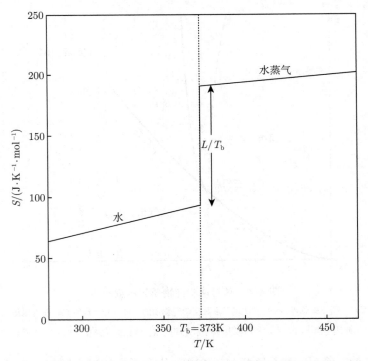

图 4.3　水在液气相变过程中的熵与温度的关系

　　图 4.1 中的相界线是由相平衡条件 $\mu_1(T,p) = \mu_2(T,p)$ 确定的，如果沿着这条相界移动，必须有

[①] 皮肤沾了酒精等易挥发的液体后就会有凉爽的感觉，这就是汽化吸收的潜热所导致的.

$$\mu_1(T + \mathrm{d}T, p + \mathrm{d}p) = \mu_2(T + \mathrm{d}T, p + \mathrm{d}p), \tag{4.3}$$

两边都在 (T, p) 点作泰勒展开 [①]，得到

$$\mu_1(T, p) + \mathrm{d}\mu_1 = \mu_2(T, p) + \mathrm{d}\mu_2, \tag{4.4}$$

根据相平衡条件可得

$$\mathrm{d}\mu_1 = \mathrm{d}\mu_2. \tag{4.5}$$

此时，根据式 (3.13) 和式 (3.25) 可知

$$-s_1\mathrm{d}T + v_1\mathrm{d}p = -s_2\mathrm{d}T + v_2\mathrm{d}p. \tag{4.6}$$

将上式整理后可得两相平衡时压强随温度的变化率

$$\frac{\mathrm{d}p}{\mathrm{d}T} = \frac{s_2 - s_1}{v_2 - v_1} = \frac{TN(s_2 - s_1)}{TN(v_2 - v_1)} = \frac{T(S_2 - S_1)}{T(V_2 - V_1)} = \frac{L}{T(V_2 - V_1)}, \tag{4.7}$$

这一方程被称为克拉珀龙（Clapeyron）方程，其中 $L = T\Delta S$ 就是潜热.

4.1.3　相变分类

埃伦菲斯特（Ehrenfest）在 20 世纪 30 年代提出如下的相变分类：相变的"级"是在相变点 T_b 处化学势 μ 的导数显示不连续性的最低阶数. 其中，一级相变就是两相在相变点的化学势相等，但化学势的一阶导数不连续. 例如在图 4.1 中的相变点 T_b 处化学势 $\mu_1 = \mu_2$，但两相的化学势偏导数 $s = -\left(\dfrac{\partial \mu}{\partial T}\right)_p$ 和 $v = \left(\dfrac{\partial \mu}{\partial p}\right)_T$ 并不连续（见式 (4.7) 中的克拉珀龙方程以及图 4.3 中的潜热部分）. 固液相变、固气相变、液气相变（临界点除外）都属于一级相变.

类似地，二级相变就是两相在相变点的化学势和化学势的一阶导数都相等，但化学势的二阶导数不连续. 以此类推，n 级相变就是两相在相变点的化学势和化学势的 $n-1$ 阶导数都相等，但 n 阶导数不连续. 不过，埃伦菲斯特对相变的分类还存在许多问题. 对相变一个更加现代的分类方法是仅区分序参量（order parameter）是非连续变化（见图 4.4(a)）还是连续变化（见图 4.4(b)），对于前者保留了埃伦菲斯特命名的一级相变，而后者则被命名为连续相变. 关于序参量的具体含义将在 4.2 节介绍.

---

① $\mu(T+\mathrm{d}T, p+\mathrm{d}p) \approx \mu(T, p) + (T+\mathrm{d}T-T)\dfrac{\partial \mu(T, p)}{\partial T} + (p+\mathrm{d}p-p)\dfrac{\partial \mu(T, p)}{\partial p} = \mu(T, p) + \mathrm{d}\mu(T, p).$

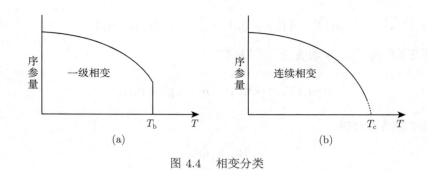

图 4.4　相变分类

4.2　连 续 相 变

4.2.1　序参量

铁磁相变（ferromagnetic phase transition）是连续相变研究中最常用的示例.
铁、钴、镍等材料的磁化来源于材料中未填满的原子壳层的电子自旋. 当零度时
系统处于最低能量状态，所有自旋都指向同一个方向（但这个方向并不唯一），此
时材料是铁磁的. 随着温度从零度开始升高，热扰动会使自旋方向随机化. 如果温
度不够高，仍会有一部分自旋指向同一个方向，但比例会随温度增加而减少. 当温
度达到及超过居里点（Curie point）T_c 后，这部分指向相同的自旋就消失了，材
料成为顺磁的. 在温度 T 靠近 T_c 时，有序的倾向（通过减少能量使自旋取向一
致）和无序的倾向（通过热扰动使自旋方向随机）几乎相互平衡. 当 $T < T_c$ 时，
有序占优，因此铁磁状态也被称为有序态；当 $T > T_c$ 时，无序占优，因此顺磁状
态也被称为无序态. 而磁化强度 m 则是刻画系统有序无序的一个合适参量. 当外
磁场 $h = 0$、温度 $T < T_c$ 时，材料的磁化强度 $m > 0$，它可以指向不同的方向
（见图 4.5(a) 中的上下两个方向）. 这种铁磁状态在 $T = T_c$ 时消失，因此 T_c 也
被称为铁磁相变的临界点（正如图 4.2 中的临界点一样，液气的差别在此消失）.
当 $T > T_c$ 时，磁铁变为顺磁状态，磁化强度 $m = 0$. 这说明用 m 就可以刻画系
统有序无序的状态，因此这类变量就被称为序参量，而 T 则被称为参量.

类似地，在液气相变中，液气两相的密度差 $\rho_l - \rho_g$ 被用作序参量，见图 4.5(b).
这是由于在图 4.2 中未达到临界点的汽化线上，液气二者的密度是不相同的，可
以有高密度的水和低密度的水蒸气. 密度差在临界点以上会达到零，因为此时已
经分不出气体液体，都已成为超临界流体. 可以看到，虽然铁磁相变序参量和液
气相变序参量的数学形式不同，但在临界点上序参量连续地从非零值趋于零值这
一点是相同的，这也是许多相变研究中寻找序参量所遵循的规则.

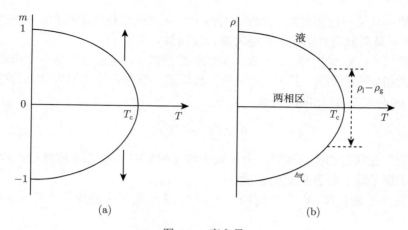

图 4.5　序参量

(a) 铁磁相变中的序参量是磁化强度 m，在 $T \geqslant T_c$ 时，$m = 0$，其中 T_c 是居里点；

(b) 液气相变中的序参量是液气密度差 $\rho_l - \rho_g$，在 $T \geqslant T_c$ 时，$\rho_l - \rho_g = 0$，其中 T_c 是临界点

4.2.2　临界现象与临界指数

找出连续相变中的序参量，研究它的变化规律，特别是在临界点附近的规律，是相变领域的核心问题. 连续相变的具体形式多种多样，临界温度 T_c 的大小也各不相同，但许多实验都发现，在临界点的邻域，序参量以及其他一些热力学函数会呈现一些普适性的规律. 这些规律被称为临界现象（critical phenomenon），它由一组幂指数描写，这组幂指数被称为临界指数.

研究表明，在临界点 λ_c 的邻域，某些热力学函数（包括序参量）可以表达为如下的幂律形式：

$$f(\varepsilon) = A\varepsilon^\theta(1 + B\varepsilon^\phi + \cdots), \tag{4.8}$$

其中 f 是热力学函数，$\varepsilon = \lambda_c - \lambda$ 是函数变量，A 和 B 是常数，θ 和 ϕ 是幂指数.

当 $\varepsilon > 0$ 且 $\varepsilon \to 0$ 时，有 $(1 + B\varepsilon^\phi + \cdots) \to 1$，因此式 (4.8) 可简化为

$$f(\varepsilon) \propto \varepsilon^\theta \propto (\lambda_c - \lambda)^\theta, \tag{4.9}$$

其中指数 θ 就是与热力学函数 $f(\varepsilon)$ 相联系的临界指数.

需要指出的是，函数 $f(\varepsilon)$ 与 ε 完全的关系是式 (4.8) 而不是式 (4.9)，临界指数表达的只是 ε 足够小时 $f(\varepsilon)$ 的领头项的幂指数. 图 4.4(b) 定性地表示了这一问题：图中点线是序参量在接近临界点时与 $T_c - T$ 具有近似幂律关系的部分，而超出这一范围后这种幂律关系就不再成立.

以铁磁相变为例，与上述热力学函数相联系的临界指数一共有 4 种，分别为 β、δ、α、γ，其中 β 是序参量随温度变化的临界指数，δ 是临界等温线指数，α 是

热容指数，γ 是磁化率指数. 此外还有两个与关联函数相关的指数，分别为 η 和 ν，其中 η 是关联函数指数，ν 是关联长度指数.

本章只关注临界指数 β、γ 以及关联长度指数 ν，这是由于这三个指数与 4.3 节的渗流相变密切相关. 其中，β 反映了从低温一侧趋向临界温度 T_c 时序参量磁化强度 m 与温度 T 之间的关系

$$m \propto (T_c - T)^\beta. \tag{4.10}$$

实验表明，在铁磁相变、液气相变等很多物质相变中 β 值都非常接近，均在 $1/3$ 左右，说明了这一临界指数的普适性.

γ 反映了磁化率 $\mathcal{X}$ 在外磁场 $h = 0$ 时随温度变化的规律. 此时的磁化率写为

$$\mathcal{X} = \left(\frac{\partial m}{\partial h}\right)_T \bigg|_{h=0}, \tag{4.11}$$

其中 $h = 0$ 简称零场. 从高温侧和低温侧趋向临界温度 T_c 时，零场磁化率均可以表示为

$$\mathcal{X} \propto |T - T_c|^{-\gamma}. \tag{4.12}$$

在多种物质相变中 γ 的实验结果均在 $4/3$ 左右.

ν 反映了关联长度 ξ 在临界温度 T_c 邻域随温度变化的规律

$$\xi \propto |T - T_c|^{-\nu}. \tag{4.13}$$

在铁磁相变中 ν 的实验结果在 $2/3$ 左右. 上式说明，当 $T \to T_c$ 时，$\xi \to \infty$，即在临界点关联长度趋于无穷大，这一性质对于理解临界现象是非常重要的. 在 4.3 节中将用更好理解的渗流相变来说明这种临界现象.

4.2.3 平均场理论

对于上述临界现象与临界指数背后的形成机制，需要有相应的理论对其进行解释. 朗道（Landau）在前人的平均场理论（mean-field theory）基础上建立了一个普遍的连续相变理论，对包括临界指数 β 在内的多种临界指数进行了解析.

连续相变不具有两相共存的状态，但在相变过程很接近、并不严格处于临界点时，两相仍然可以区分，相变在很大一个范围内会突然同时发生. 在这种相变中，粒子之间如何互相作用、结合成什么相，主要取决于跨越一切尺度的所有粒子之间的相互作用的总体效果，而每个粒子周围环境的局部信息对相变的性质并不重要. 因此，在连续相变中，可以把跨越一切尺度的所有粒子之间的相互作用的总体效果等价于一个"平均场"，而不去计算局部的、处处不同的相互作用情况. 这就是平均场理论的核心思想.

朗道选择自由能作为能够体现粒子之间相互作用总体效果的平均场，并假设系统自由能 $F(T, m)$ 在临界点附近可展开为磁化强度 m 的幂级数：

$$F(T, m) = \sum_{n=0}^{\infty} a_n(T)m^n = a_0(T) + a_1(T)m + a_2(T)m^2 + \cdots. \tag{4.14}$$

在外磁场 $h = 0$ 的情况下，磁化强度 m 取正或负没有区别（见图 4.5(a)），即 $F(T, m) = F(T, -m)$，因此式 (4.14) 中的

$$a_1 = a_3 = a_5 = \cdots = 0, \tag{4.15}$$

式 (4.14) 就可简化为

$$F(T, m) = F_0(T) + a_2(T)m^2 + a_4(T)m^4 + \cdots, \tag{4.16}$$

其中

$$F_0(T) = a_0(T) = F(T, m = 0) \tag{4.17}$$

代表 $m = 0$ 时系统的自由能，即对于 $T \geqslant T_c$ 的无序相，自由能为 $F_0(T)$.

在一定的温度 T 下，m 需要由自由能极小的条件，即由

$$\left(\frac{\partial F}{\partial m}\right)_T = 0, \tag{4.18}$$

$$\left(\frac{\partial^2 F}{\partial m^2}\right)_T > 0 \tag{4.19}$$

两个方程确定. 其中式 (4.18) 是极值的必要条件，它给出所有可能的解，而式 (4.19) 决定哪些解才是使自由能取极小的稳定解.

令

$$a_2(T) = b(T - T_c), \tag{4.20}$$

其中 b 为正常数. 在略去式 (4.16) 中 m^4 以上的项，并将 $a_4(T)$ 近似为正常数 a_4 后，式 (4.16) 可写为

$$F(T, m) = F_0(T) + b(T - T_c)m^2 + a_4 m^4. \tag{4.21}$$

将式 (4.21) 代入式 (4.18) 可得

$$\frac{\partial F}{\partial m} = m[2b(T - T_c) + 4a_4 m^2] = 0, \tag{4.22}$$

其解为

$$m = 0, \quad m = \pm\sqrt{-\frac{b(T - T_c)}{2a_4}}. \tag{4.23}$$

再将式 (4.21) 代入式 (4.19) 可得

$$\frac{\partial^2 F}{\partial m^2} = 2b(T - T_c) + 12a_4 m^2. \tag{4.24}$$

将式 (4.23) 代入上式可得

$$\left.\frac{\partial^2 F}{\partial m^2}\right|_{m=0} = 2b(T - T_c) \tag{4.25}$$

和

$$\left.\frac{\partial^2 F}{\partial m^2}\right|_{m=\pm\sqrt{-\frac{b(T-T_c)}{2a_4}}} = 2b(T - T_c) - 12a_4\frac{b(T - T_c)}{2a_4} = -4b(T - T_c). \tag{4.26}$$

从式 (4.19)、(4.25) 和 (4.26) 可以看到，当 $T > T_c$ 时，$m = 0$ 是稳定解；当 $T < T_c$ 时，

$$m = \pm\sqrt{\frac{b(T_c - T)}{2a_4}} \propto (T_c - T)^{1/2} \tag{4.27}$$

是稳定解，其中 $\pm$ 代表自发磁化沿着正向或反向，即图 4.5(a) 中 $T < T_c$ 时的上下两条曲线.

式 (4.27) 中的临界指数 $\beta = 1/2$，而实验中观测到的临界指数多在 $1/3$ 左右，威尔逊（Wilson）用重整化群理论（见 5.4 节）解析得到的结果是 $\beta = 0.325\pm0.002$，由此可见平均场方法的近似性. 尽管连续相变的平均场理论只能得到与实验定性符合的结果，而重整化群方法能得到与实验定量符合的结果，但平均场理论相对更为简单，因此在复杂系统研究中也被广泛使用.

4.2.4 伊辛模型

在统计物理中能精确求解并能显示出相变的模型并不多，伊辛（Ising）模型是其中极其重要且很具代表性的一个，它是伊辛在 20 世纪 20 年代提出的描述磁系统相变的模型：设有一组自旋粒子排列在规则的晶格（可以是一维、二维、三维，甚至更高维）上，每个粒子只能取向上或向下两种自旋（见图 4.6），且只有近邻的自旋粒子之间有相互作用，近邻粒子相互作用消耗的总能量为

$$U(\sigma) = -J\sum_{(ij)} \sigma_i \sigma_j, \tag{4.28}$$

其中 $\sigma_i = \pm 1$ 是格座 i 上粒子的自旋（$+1$ 向上，-1 向下），$\sum\limits_{(ij)}$ 表示对所有近邻对求和，J 是正常数. J 前面取负号的含义是：当相邻粒子 i、j 自旋方向相同时（$\sigma_i\sigma_j = 1$），相互作用消耗的能量为 $-J$；当相邻粒子 i、j 自旋方向不同时（$\sigma_i\sigma_j = -1$），相互作用消耗的能量为 J. 当所有粒子的自旋均处于 1 或 -1 时，系统处于消耗能量最低的状态（即基态，见图 4.6(a)、(b)）；当所有粒子的自旋完全随机时（见图 4.6(c)），相互作用消耗的能量最高.

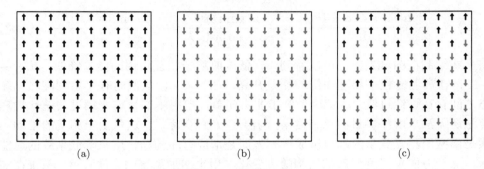

图 4.6   二维伊辛模型示意图

低温有序态：(a) 所有粒子自旋向上的基态；(b) 所有粒子自旋向下的基态. (c) 高温无序态

系统的配分函数为

$$Z = \sum_{\{\sigma_i\}} \mathrm{e}^{-\beta U_{\{\sigma_i\}}}, \tag{4.29}$$

其中 $\{\sigma_i\} = (\sigma_1, \sigma_2, \cdots, \sigma_N)$ 表示 N 个粒子的一个自旋态，由于每个粒子只有两种可能的自旋态，N 个粒子构成的自旋态总数为 2^N 个；$\sum\limits_{\{\sigma_i\}}$ 表示对一切可能的自旋态求和；$U_{\{\sigma_i\}}$ 是在自旋态 $\{\sigma_i\}$ 下粒子相互作用消耗的总能量. 如果能计算出这一配分函数，由式 (2.25) 就可计算系统的平均能量为

$$\langle U \rangle = -\frac{\mathrm{d}\ln Z}{\mathrm{d}\beta}. \tag{4.30}$$

系统的磁化强度由所有自旋的均值得到

$$m = \frac{\sum_i \sigma_i}{N}. \tag{4.31}$$

下面给出伊辛模型的一个简单例子. 在这个例子中有 $N = 4$ 个处于正方形角上的自旋粒子，$2^4 = 16$ 个自旋态，分别为 ⁺⁺、⁻⁻、⁺⁻、⁻⁺、⁻⁺、⁺⁻、⁻⁺、⁻⁻、⁺⁺、⁺⁻、⁻⁺、⁺⁺. 根据式 (4.28) 和 (4.31) 可知，自旋态 ⁺⁺ 和 ⁻⁻ 的总能量均为 $-4J$，磁化强度分别为 1 和

-1；态 $\pm\mp$ 和 $\mp\pm$ 的总能量均为 $4J$，磁化强度均为 0；其余 12 个态的总能量均为 0，其中 $\pm\pm$、$\mp\pm$、$\mp\mp$、$\pm\mp$ 的磁化强度均为 0，$\pm\mp$、$\mp\pm$、$\mp\mp$、$\mp\mp$ 的磁化强度均为 -0.5，$\mp\mp$、$\mp\mp$、$\mp\mp$、$\mp\mp$ 的磁化强度均为 0.5. 根据式 (4.29) 可知系统的配分函数为

$$Z = 2\mathrm{e}^{4\beta J} + 2\mathrm{e}^{-4\beta J} + 12\mathrm{e}^0 = 12 + 4\cosh 4\beta J. \tag{4.32}$$

根据式 (4.30) 可计算系统的平均能量

$$\langle U \rangle = -\frac{\mathrm{d}\ln(12 + 4\cosh 4\beta J)}{\mathrm{d}\beta} = -\frac{4J\sinh 4\beta J}{3 + \cosh 4\beta J} = -\frac{4J\sinh(4J/kT)}{3 + \cosh(4J/kT)}. \tag{4.33}$$

将上式绘制在图 4.7 中，可以看到，在低温时粒子相互作用的能量降低，$\langle U \rangle \rightarrow -4J$；在高温时粒子相互作用的能量升高，$\langle U \rangle \rightarrow 0$，从低温有序态到高温无序态之间存在连续过渡. 尽管这个例子非常简单，但用本书目前介绍过的统计物理方法还无法求解序参量磁化强度 m 与温度 T 的关系 [①]. 这是由于相变的推动因素是由两个相互竞争的趋势组成：一方面是形成有序的结构用来降低系统的总能量，另一方面是温度引起的结构随机变化，用来增加系统的无序程度. 系统在高温区域的无序程度更高，粒子自旋方向是完全随机的，系统具有高度对称性，平均磁化强度为 $m=0$；而随着温度降低到临界点 T_c 后，系统的对称性就被破坏（这被称为对称破缺）：大部分粒子要么向上自旋，要么向下自旋，系统显示出自发磁化强度，逐渐形成有序结构；当温度 $T \rightarrow 0$ 时，系统进入两个基态之一（见图 4.6(a)、(b)），平均磁化强度为 $m=1$ 或 $m=-1$.

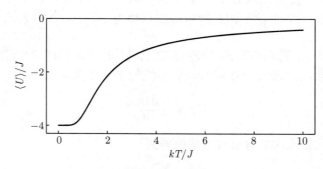

图 4.7　4 粒子伊辛模型平均能量随温度变化曲线

实际上，20 世纪 40 年代昂萨格（Onsager）就得到了二维伊辛模型的严格解，其中临界温度为 $T_c = 2/\ln(\sqrt{2}+1) \approx 2.269J/k$，温度从低温侧趋向 T_c 时的磁化

[①] 按现有方法，系统磁化强度 $m = (1\times\mathrm{e}^{4\beta J} - 1\times\mathrm{e}^{4\beta J} + 0\times 2\mathrm{e}^{-4\beta J} + 0\times 4\mathrm{e}^0 + 0.5\times 4\mathrm{e}^0 - 0.5\times 4\mathrm{e}^0)/Z = 0$，这显然不符合图 4.5 (a) 中磁化强度 m 随温度 T 变化的规律.

强度 $m \propto (T_c - T)^{1/8}$，但昂萨格求解二维伊辛模型的方法过于复杂，已超出本书的介绍范围. 此处介绍求解二维伊辛模型的另外一种方法——蒙特卡罗（Monte Carlo）方法，它是统计物理中处理难以定量求解问题的一套常用方法. 其中米特罗波利斯（Metropolis）算法是模拟二维伊辛模型的一个简单算法. 该算法随机选取一个粒子翻转它的方向，如果翻转后降低了系统的能量，则保留这次翻转；否则以概率 $e^{-\Delta U/(kT)}$（其中 ΔU 是翻转后系统升高的能量）保留翻转. 当 $T \to 0$ 时，$e^{-\Delta U/(kT)} = 0$，只有降低系统能量的翻转才会被接受，故系统最终趋向基态；当 T 很大时，$e^{-\Delta U/(kT)} \to 1$，系统粒子总是随机翻转方向. 在不同温度下重复米特罗波利斯算法一定次数后，就可以计算系统的磁化强度. 图 4.8 展示了米特罗波利斯算法模拟的二维伊辛模型磁化强度随温度变化的结果，图 4.9 展示了部分温度下二维伊辛模型的状态图.

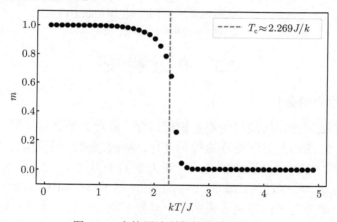

图 4.8　米特罗波利斯算法模拟结果

粒子数为 10000 个，分布在 100×100 的正方形网格上. 圆点是不同温度 T 下磁化强度 m 的取值，虚线是理论临界温度 T_c. 注意模拟的 m 在超过理论临界温度时仍然存在，这是由模拟的粒子数决定的，粒子越多会越接近临界点. 后续模拟结果图中出现类似现象的原因均与此相同

从图 4.9 中可以看到：在低温时（图 4.9(a)），只有小部分的粒子的方向会翻转；在高温时（图 4.9(f)），所有粒子都会随机翻转，整体上呈现正反向的均匀分布；而在温度接近临界温度时（图 4.9(c)），同一方向的粒子形成了一些彼此连通的团簇（cluster），这些团簇的尺寸有大有小. 单独一个团簇具有一定的自相似性，团簇的形态会在多个尺度（scale[①]）下重现类似的模式——将团簇的某些部分放大或缩小后，整体上仍无法分辨出不同之处，这被称为标度不变性（scale invariance）：在任何放大倍数下，系统中总有更小的部分与大的部分相似. 这种模式也被称为分形（fractal），将在第 5 章介绍.

① 也译作标度，本书会在不同场景下分别使用这两种翻译.

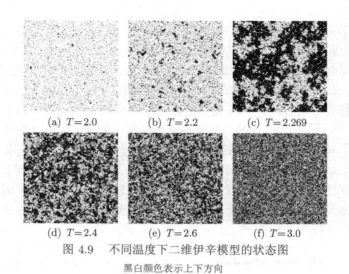

(a) $T=2.0$ (b) $T=2.2$ (c) $T=2.269$

(d) $T=2.4$ (e) $T=2.6$ (f) $T=3.0$

图 4.9   不同温度下二维伊辛模型的状态图

黑白颜色表示上下方向

4.3 渗 流 相 变

4.3.1 经典渗流相变

前述的铁磁相变、气液相变都是物理相变,除此之外还有一种几何相变——渗流[①]相变,它描述的是网络连通性的变化. 举例来说,假设用大小相同的导电球和绝缘球随机排列成一层,铺满一个正方形的平面池子(见图 4.10),其中导电球的比率为 p,绝缘球的比率为 $1 - p$. 在 p 小于一个阈值 p_c 时,导电球无法连接成为一个横跨池子的导电连通团簇,电流不能流过整个池子;而在 p 等于 p_c 时,横跨池子的导电连通团簇将突然出现,这被称为渗流相变,阈值 p_c 就是渗流相变的临界点.

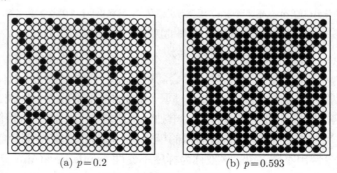

(a) $p=0.2$ (b) $p=0.593$

图 4.10   座渗流示意图

黑色圆球是导电球,白色圆球是绝缘球

---

① Percolation,也译作逾渗.

描述上述相变过程的模型被称为座渗流（site percolation）模型. 最简单的二维方格座渗流模型与二维伊辛模型类似: 在一个正方形网格上规则排列 $N = L \times L$ 个位点, 每个位点只能放置一个节点, 然后以占位概率 p 在每个位点上放置节点 [1]. 随着概率 p 的增加, 相邻节点之间会形成一些团簇（见图 4.10）, 团簇的大小用团簇包含的节点数 s 来衡量. 其中, 能连通上下边界或左右边界的团簇被称为无限团簇 [2]. 在渗流相变中使用占位概率 p 作为参量, 以任一位点属于无限团簇的概率 $P_\infty(p)$ 作为序参量. 正方形座渗流模型没有临界点 p_c 的精确解, 通过蒙特卡罗方法模拟得到的结果为 $p_c \approx 0.593$. 图 4.11 展示了座渗流模型序参量 $P_\infty(p)$ 随参量 p 变化的模拟结果. 类似地, 还有一类渗流模型是键渗流（bond percolation）模型, 它以一定的概率 p 在相邻位点之间连边, 随着 p 增加系统中也会涌现出无限团簇. 二维方格键渗流模型临界点的精确解是 $p_c = 0.5$.

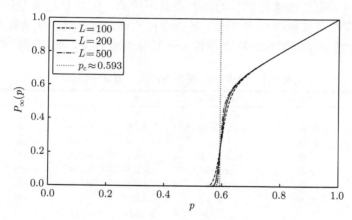

图 4.11 二维方格座渗流模拟结果

网格越大, 模拟临界点越接近理论临界点 p_c

渗流模型在临界点附近也具有 4.2.2 小节中介绍的临界现象. 在占位概率 p 逐渐减小接近 p_c 时, 二维方格渗流的序参量 $P_\infty(p)$ 与 $p - p_c$ 之间具有如下标度关系:

$$P_\infty(p) \propto (p - p_c)^\beta, \tag{4.34}$$

这意味着在临界点处节点属于无限团簇的概率降为零, 其中临界指数 β 的理论值为 5/36, 对于二维方格座、键渗流均如此.

此外, 在临界点两侧, 团簇的平均大小 $\mathcal{X}$ 与 $|p - p_c|$ 之间有如下标度关系:

$$\mathcal{X} \propto |p - p_c|^{-\gamma}, \tag{4.35}$$

---

[1] 或者说先在所有位点上都放置节点, 然后以概率 $1 - p$ 在每个位点上删除节点.

[2] 这是由于理论上分析的系统是无限大的. 对于有限的系统, 这种团簇也被称为渗流簇（percolating cluster）

这说明在接近临界点时团簇平均大小 [①] 是发散的，其中临界指数 γ 的理论值为 43/18.

类似地，关联长度 ξ 在临界点两侧与 $|p - p_c|$ 之间有如下标度关系：

$$\xi \propto |p - p_c|^{-\nu}, \tag{4.36}$$

其中临界指数 ν 的理论值为 4/3. 此处的关联长度指的是同一团簇中两个节点之间的平均距离. 当 $p < p_c$ 时，关联长度是有限的，在 $p > p_c$ 且不考虑无限团簇时也是如此；而当 $p = p_c$ 时，关联长度是发散的，此时最大团簇的规模是无限的，可以渗流整个网格.

除了上述二维方格结构下的座、键渗流模型，经典渗流模型还有很多种. 表 4.1 列出了一部分维度及结构不同的座、键渗流模型，从中可以看到相同维度下不同结构的座、键渗流模型的临界点是不同的，但临界指数是相同的. 另一方面，临界指数只依赖网格的维度，当维度在六维及以上时，临界指数与维度无关. 这些规律说明了临界指数的普适性——只与维度有关，而与网格结构无关.

表 4.1　不同维度及结构的座、键渗流模型

维度与结构	座渗流 p_c	键渗流 p_c	β	γ	ν	D
一维链	1	1	0	1	1	1
二维六角	0.697	$1 - 2\sin(\pi/18)$	5/36	43/18	4/3	91/48
二维方格	0.593	1/2	5/36	43/18	4/3	91/48
二维三角	1/2	$2\sin(\pi/18)$	5/36	43/18	4/3	91/48
三维钻石	0.43	0.389	0.405	1.805	0.872	2.523
三维立方	0.312	0.249	0.405	1.805	0.872	2.523
四维超立方	0.197	0.16	0.639	1.435	0.678	3.045
五维超立方	0.141	0.118	0.845	1.185	0.571	3.526
六维超立方	0.109	0.094	1	1	1/2	4
七维超立方	0.089	0.079	1	1	1/2	4

注：β、γ、ν 是临界指数，整数、分数或表达式为精确解，小数为模拟解. D 是分形维数（见 5.2 节）. 表中数据取自文献 [10, 25, 53].

4.3.2　网络渗流相变

进入 21 世纪后，被研究更多的则是复杂网络上的渗流. 由于复杂网络无法像传统渗流模型那样定义边界，因此不能使用无限团簇出现的概率作为序参量. 在网络渗流研究中，多使用巨组分（giant component）包含的节点数量 N_{gc} 与原始网络节点总数 N 的比值 N_{gc}/N 作为序参量. 此处巨组分指的是含很大一部分节点、与网络大小同量级（即 $N_{gc} \sim O(N)$）的组分. 网络渗流临界点的定义是：从原始网络中随机删除比例为 q（或 $1 - p$，p 是节点保留的比例）的节点，如果在

---

① 在 $p > p_c$ 时，只考虑无限团簇以外的其他团簇.

节点删除比例为 q_c 时巨组分突然消失，q_c（或 p_c）就被称为临界点，在此临界点上网络从连通相变为分散相.

网络中存在巨组分的条件是：巨组分中能够被沿着一条边到达的节点（平均来说）至少还要有另外一条边能出去，即节点的平均度最小为 2（一条边进、一条边出）：

$$\langle k_i | i \leftrightarrow j \rangle = \sum_{k_i} k_i P(k_i | i \leftrightarrow j) = 2, \tag{4.37}$$

其中 k_i 是节点 i 的度，$i \leftrightarrow j$ 表示节点 i 与节点 j 是相互连接的，$P(k_i | i \leftrightarrow j)$ 是节点 i 与节点 j 连接条件下节点 i 的度为 k_i 的概率.

用贝叶斯（Bayes）公式可将条件概率 $P(k_i | i \leftrightarrow j)$ 写为

$$P(k_i | i \leftrightarrow j) = \frac{P(i \leftrightarrow j | k_i) P(k_i)}{P(i \leftrightarrow j)}. \tag{4.38}$$

对于一般网络，有 $P(i \leftrightarrow j) = 2L/[N(N-1)] = \langle k \rangle/(N-1)$ 和 $P(i \leftrightarrow j | k_i) = k_i/(N-1)$，其中 L 是网络的连边数. 代入上式后可得

$$P(k_i | i \leftrightarrow j) = \frac{k_i P(k_i)}{\langle k \rangle}. \tag{4.39}$$

再将式 (4.39) 代入式 (4.37)，可以得到在临界点处

$$\kappa = \frac{\sum_{k_i} P(k_i) k_i^2}{\langle k \rangle} = \frac{\langle k^2 \rangle}{\langle k \rangle} = 2. \tag{4.40}$$

这说明，当 $\kappa \geqslant 2$ 时，网络有巨组分，网络处于连通相；当 $\kappa < 2$ 时，网络只包含与网络大小不同量级的小组分，网络处于分散相.

对于一个节点度分布为 $P_0(k_0)$ 的广义随机网络，在随机删除比例为 $1 - p$ 的节点后，新网络的度分布为

$$P(k) = \sum_{k_0=k}^{\infty} P_0(k_0) \binom{k_0}{k} p^k (1-p)^{k_0-k}, \tag{4.41}$$

其中右侧二项分布的含义为：p^k 表示有 k 条连边以 p 的概率未受删除节点的影响；$(1-p)^{k_0-k}$ 表示以概率 $1-p$ 被删除的节点失去了 $k_0 - k$ 条连边.

在已知初始网络平均度 $\langle k_0 \rangle$ 和二阶原点矩 $\langle k_0^2 \rangle$ 的条件下，可以得到新网络的 $\langle k \rangle$ 和 $\langle k^2 \rangle$ 分别为

$$\langle k \rangle = \sum_{k=0}^{\infty} P(k)k = \sum_{k=0}^{\infty} \sum_{k_0=k}^{\infty} P_0(k_0) \binom{k_0}{k} p^k (1-p)^{k_0-k} k$$

$$= \sum_{k_0=0}^{\infty} \sum_{k=0}^{k_0} P_0(k_0) \frac{k_0!}{(k_0-k)!k!} p^k (1-p)^{k_0-k} k$$

$$= \sum_{k_0=0}^{\infty} P_0(k_0) k_0 p \sum_{k=1}^{k_0-1} \frac{(k_0-1)!}{(k_0-k)!(k-1)!} p^{k-1} (1-p)^{k_0-k} \tag{4.42}$$

$$= \sum_{k_0=0}^{\infty} P_0(k_0) k_0 p \sum_{k=1}^{k_0-1} \binom{k_0-1}{k-1} p^{k-1} (1-p)^{k_0-k}$$

$$= \sum_{k_0=0}^{\infty} P_0(k_0) k_0 p = p\langle k_0 \rangle$$

和

$$\langle k^2 \rangle = \sum_{k=0}^{\infty} P(k)k^2 = \sum_{k=0}^{\infty} \sum_{k_0=k}^{\infty} P_0(k_0) \binom{k_0}{k} p^k (1-p)^{k_0-k} k^2$$

$$= \sum_{k_0=0}^{\infty} \sum_{k=0}^{k_0} P_0(k_0) \frac{k_0!}{(k_0-k)!k!} p^k (1-p)^{k_0-k} [k(k-1)+k]$$

$$= \sum_{k_0=0}^{\infty} P_0(k_0) k_0 (k_0-1) p^2 \sum_{k=2}^{k_0-2} \frac{(k_0-2)!}{(k_0-k)!(k-2)!} p^{k-2} (1-p)^{k_0-k} + p\langle k_0 \rangle$$

$$= \sum_{k_0=0}^{\infty} P_0(k_0) k_0 (k_0-1) p^2 \sum_{k=2}^{k_0-2} \binom{k_0-2}{k-2} p^{k-2} (1-p)^{k_0-k} + p\langle k_0 \rangle$$

$$= \sum_{k_0=k}^{\infty} P_0(k_0) (k_0^2 p^2 - k_0 p^2) + p\langle k_0 \rangle$$

$$= p^2 \langle k_0^2 \rangle - p^2 \langle k_0 \rangle + p\langle k_0 \rangle, \tag{4.43}$$

其中 $\sum_{k=0}^{\infty} \sum_{k_0=k}^{\infty} = \sum_{k_0=0}^{\infty} \sum_{k=0}^{k_0}$ 只改变了求和顺序和求和极限, 求和结果不变.

将式 (4.42) 和 (4.43) 代入式 (4.40) 可得

$$\kappa = \frac{p^2 \langle k_0^2 \rangle + p(1-p)\langle k_0 \rangle}{p\langle k_0 \rangle} = 2. \tag{4.44}$$

重新整理式 (4.44)，可以得到网络渗流的临界点

$$p_c = \frac{\langle k_0 \rangle}{\langle k_0^2 \rangle - \langle k_0 \rangle} = \frac{1}{\langle k_0^2 \rangle / \langle k_0 \rangle - 1} = \frac{1}{\kappa_0 - 1},\tag{4.45}$$

其中 $\kappa_0 = \langle k_0^2 \rangle / \langle k_0 \rangle$ 是由删除节点前的初始网络得到的.

式 (4.45) 说明，对于给定度分布的广义随机网络就可以从理论上计算出临界值. 例如，ER 随机图[①] 的度服从泊松（Poisson）分布

$$P(k) = \frac{\langle k \rangle^k}{k!} e^{-\langle k \rangle},\tag{4.46}$$

其二阶原点矩为

$$\langle k^2 \rangle = \sum [k(k-1) + k] P(k) = \sum k(k-1) \frac{\langle k \rangle^k}{k!} e^{-\langle k \rangle} + \sum k \frac{\langle k \rangle^k}{k!} e^{-\langle k \rangle}$$
$$= \langle k \rangle^2 \sum \frac{\langle k \rangle^{k-2}}{(k-2)!} e^{-\langle k \rangle} + \langle k \rangle \sum \frac{\langle k \rangle^{k-1}}{(k-1)!} e^{-\langle k \rangle} = \langle k \rangle^2 + \langle k \rangle,\tag{4.47}$$

据此可知 ER 随机图的

$$\kappa = \frac{\langle k^2 \rangle}{\langle k \rangle} = \frac{\langle k \rangle^2 + \langle k \rangle}{\langle k \rangle} \geqslant 2,\tag{4.48}$$

即 $\langle k \rangle \geqslant 1$ 时 ER 随机图中才会存在巨组分. 将式 (4.48) 代入式 (4.45) 就可得到临界点 $p_c = 1/\langle k \rangle$. 此外，ER 随机图的临界指数为 $\beta = 1$、$\gamma = 1$、$\nu = 1/2$，与表 4.1 中高维网格渗流的临界指数相同.

图 4.12 展示了不同平均度下 ER 随机图的渗流模拟结果. 从图中可以看到，在节点保留比例 p 小于理论临界点 p_c 后网络中仍可能存在巨组分，这是由于在模拟网络中使用的节点数量有限而导致的. 在实际网络中也是如此，单独以巨组分是否存在为标准往往无法合理确定临界点. 在这种情况下多以第二大组分的规模达到峰值作为条件来确定临界点. 后续 4.4.2 小节将会举例说明这一问题.

除 ER 随机图外，复杂网络渗流相变问题还在实际中更常见的无标度网络、有向网络、多层网络等多种网络中被大量研究，在疾病传播、信息传播等方面也获得了广泛的应用. 这些理论和应用可以参阅相关书籍与综述，本书不再详细介绍这些内容. 4.4 节将介绍网络渗流理论在交通系统中的一些典型应用，加深对交通网络渗流相变问题的认识.

---

① 取自文献 [54] 两位作者 Erdös 和 Rényi 姓氏的首字母. ER 随机图是图论和复杂网络中被广泛使用的经典模型.

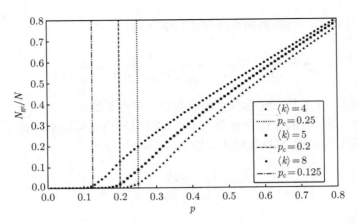

图 4.12 不同平均度下 ER 随机图的渗流模拟结果

初始网络节点数 $N = 1000$

4.4 应 用 示 例

4.4.1 交通网络鲁棒性

渗流理论在网络科学中不只是对相变问题的讨论，它在网络结构分析和优化方面有着更重要的作用. 如果把 4.3.2 节中的删除节点看作是网络产生的随机故障，那么巨组分是否存在就对应着网络基本功能是否健全，即可通过渗流理论探究网络的鲁棒性（robustness）[1]. 一般而言，网络鲁棒性指的是网络在一些节点或边失效后仍能维持基本功能的能力. Barabási 最早开展了复杂网络鲁棒性方面的研究[55]，他在一篇综述[56]中使用美国的公路网络和航空网络作为例子来展示这两类具有不同结构的交通网络在鲁棒性方面的差异和根源，见图 4.13. 从图 4.13(b) 中可以看到，公路网络整体上是一个有空间约束的平面网络——大部分城市（即节点）连接其他城市的公路数量都很相近，节点的度近似服从泊松分布（见图 4.13(a)）；而图 4.13(d) 中的航空网络则不同——大部分城市的航线都很少，而少部分大城市和特大城市却具有大量的航线，节点的度近似服从幂律分布（见图 4.13(c)）. 这两种分布分别被称为"有尺度"和"无尺度"[2]分布. 所谓有尺度分布，就像真实世界中人的身高分布一样，尺度是有限的——绝大部分人的身高都是一米多，身高两米多的人就已经非常少见了，身高三米以上的人几乎没有；而无尺度分布则像动画世界里人的身高分布——大部分人的身高是米级，但也会看到几十米、几百米高的巨人，偶尔还会看到几千米甚至几万米高的超级巨人，身高的尺度是无限的.

① robust 一词源于拉丁词汇 robur，即栎树、橡树，在古时候代表力量与长寿[24]. 涂奉生、齐寅峰最早把 robust 翻译为鲁棒[57,58]，周立峰则认为这一翻译音义兼顾——"鲁"表示粗莽，"棒"表示强健，能很好地体现 robust 的含义[59].

② Scale-free，更常被译作"无标度".

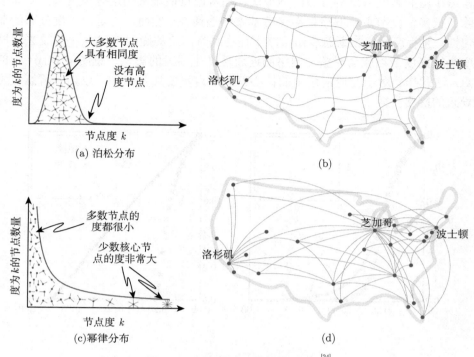

图 4.13 公路和航空网络示意图[24]

节点度服从有尺度和无尺度分布的网络在鲁棒性方面有很大的差别. 图 4.14 展示了模拟公路网络的随机几何图 ① 和模拟航空网络的 BA 无标度网络 ② 这两类网络的巨组分相对大小 N_{gc}/N 随节点删除比例 q 的变化规律. 其中节点删除策略分为两类: 一是随机故障策略, 即完全随机地删除网络中的一部分节点; 二是蓄意攻击策略, 即从去除网络中度最高的节点开始, 依次删除网络中一部分度最高的节点. 从图 4.14 中的圆点可以看出, BA 无标度网络对随机节点故障具有极高的鲁棒性: 与随机几何图相比, 巨组分相对大小在相对高得多的节点删除比例下才下降到零, 而随机几何图巨组分相对大小下降速度远快于 BA 无标度网络. 例如, 在随机删除一半节点后, 图 4.14(a) 中的随机几何图巨组分相对大小已不及 0.1, 而图 4.14(b) 中的 BA 无标度网络巨组分相对大小则还在 0.4 以上. 这是由于 BA 无标度网络度分布的非均匀性造成的 (见图 4.14(b) 中的插入图) —— 无标度网络绝大部分节点的度都很小, 删除后对网络连通性影响不大; 而起到核

---

① 此处选择随机几何图而不是 ER 随机图来模拟公路网络, 是由于随机几何图是具有空间约束的平面网络, 在结构上与公路网络更相似, 见图 4.14(a) 右下角的网络示意图.

② 取自文献 [60]两位作者 Barabási 和 Albert 姓氏的首字母. BA 无标度网络是复杂网络中被广泛使用的经典模型.

心枢纽作用的高度节点所占的比例极低, 随机选点很难选到这些高度节点, 即使删除了很多低度节点, 网络仍会保持基本的连通性. 然而, 正是由于度分布的非均匀性, 无标度网络在蓄意攻击策略下往往具有高度的脆弱性 [①] ——只要去除网络中少数高度节点就会对整个网络的连通性产生很大的影响, 见图 4.14(b) 中的方点. 这意味着对于交通网络中的核心枢纽节点更要加强保护, 以防止蓄意攻击而导致的网络失效 [②].

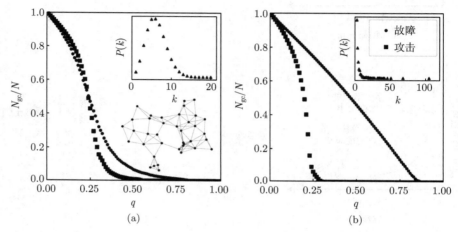

图 4.14　随机几何图 (a) 与 BA 无标度网络 (b) 的鲁棒性对比

二者的网络节点数量均为 $N = 1000$, 平均度均为 $\langle k \rangle = 6$. 插入图为度分布.

(a) 右下角是随机几何图的示意图

　　以上部分都是用节点删除后网络巨组分规模的变化来衡量网络的鲁棒性. 在公路网络、铁路网络等交通网络中, 重要连边的损毁也会对网络功能产生重大影响. 而衡量连边重要性的主要指标是中介中心性 (betweenness centrality, 也译作介数中心性), 即所有节点之间的最短路通过一条连边的次数占最短路总数的比例. 类似地, 中介中心性也可以用来刻画节点的重要性. 无论是连边还是节点, 中介中心性高往往意味着其位于网络的瓶颈之处. 例如在图 4.15 展示的中国铁路网络中, 中介中心性高的铁路大多位于连接华北、东北的瓶颈之处. 保护 [③] 交通网络中的这类关键连边和节点对于维护系统鲁棒性具有重要意义. 此外还可以通过

　　① 刊登文献 [55] 的那一期 *Nature* 期刊封面上提到了阿喀琉斯之踵 (Achilles' heel), 这是一个希腊神话: 阿喀琉斯出生后他的母亲想让他成为不死之身, 就握着他一只脚的后跟 (踵) 将他放到冥河中浸泡, 而他未沾水的脚踵就成了他致命的弱点, 在特洛伊战争中阿喀琉斯被箭射中脚踵而死去. 现在人们往往用阿喀琉斯之踵来比喻一个系统的脆弱之处.

　　② 有时会删除重要节点使网络连通性变差, 例如给部分人接种疫苗 (甚至隔离) 以防止某些疾病大规模传播.

　　③ 或攻击交通网络的高中介中心性连边和节点, 这在战争中具有重要价值 (例如解放战争中的锦州战役).

优化网络结构来提升系统鲁棒性，这方面的研究已取得丰富成果，本书对这些内容不再介绍.

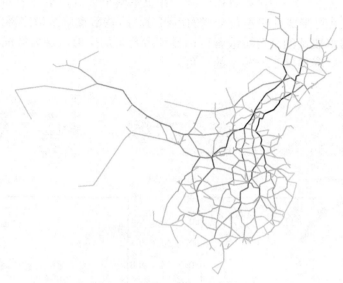

图 4.15 中国铁路网络连边的中介中心性

颜色越深表示中介中心性越高

4.4.2 城市路网瓶颈识别

随着城市交通需求日益增长、机动化水平日益提升，给有限的城市道路资源带来巨大压力，引发城市道路交通网络拥堵等一系列"城市病". 识别城市道路网络瓶颈并对其进行改善和保护，可以缓解城市道路网络拥堵，提升城市交通系统运行效率. 李大庆等[61]使用网络渗流理论开展了城市道路网络拥堵瓶颈识别的研究工作. 他们以道路交叉口作为节点、以交叉口之间的路段作为边构建了城市道路网络，并计算道路网络中每条路段的交通流速度与该路段的最大速度之比，如果该比值大于给定阈值 q，则认为该路段处于具备通行功能的状态，否则处于拥堵失效状态. 这样，在给定一个时间的网络交通流数据和阈值 q 的前提下，就可以从渗流的角度分析道路网络的连通状态. 显然，当 $q = 0$ 时，意味着网络的状态是巨组分覆盖全部节点，网络完全连通；当 $q = 1$ 时，网络完全破碎.

图 4.16 展示了某城市中午时段在不同阈值 q 下的道路网络连通状态：当 $q = 0.69$ 时，网络处于几乎完全破碎的状态，只有很少一部分通行速度较高的路段能够形成较小的组分，见图 4.16(a)；当 $q = 0.19$ 时，这些较小的组分融合在一起形成一个巨组分，几乎包含了道路网络的全部节点，见图 4.16(c). 很明显，这是两种完全不同的相. 为确定这两相的临界点，图 4.16(d) 绘制了网络最大组分规模

G 和第二大组分规模 SG 随阈值 q 的变化曲线. 从中可以看到, 在 $q=0.38$ 时第二大组分的规模达到峰值, 故 $q_c=0.38$ 就是两相的临界点, 此时网络的连通状态见图 4.16(b). 从图 4.16(b) 中可以看到, 在上下两个大规模组分之间存在少数节点, 一旦连通就可形成几乎覆盖全局的巨组分, 这些节点就是道路网络中的瓶颈. 通过对道路网络瓶颈的小范围改善可以显著改善全局交通, 这为低成本提升城市道路网络运行效率提供了一种新的视角.

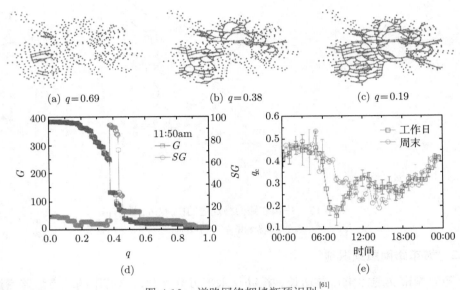

(a) $q=0.69$　　　　　　　(b) $q=0.38$　　　　　　　(c) $q=0.19$

(d)　　　　　　　　　　　　　(e)

图 4.16　道路网络拥堵瓶颈识别[61]

4.4.3　道路网络骨架提取

道路网络是受空间约束的平面网络, 不仅具有拓扑结构, 还具有空间几何特性. 其中, 相邻路段之间的相对角度就是道路网络的一个重要几何特性, 在路网系统中起着重要作用, 可以表征路段对路网整体结构的影响. Molinero 等[62] 将道路网络相邻路段之间的相对角度作为参量、将巨组分相对大小作为序参量建立了一个渗流模型, 用于提取英国道路网络的骨架. 图 4.17 是该模型的示意图.

道路网络骨架提取的具体过程为: 首先建立一个简单的初始道路网络, 其中节点是交叉口, 连边是路段, 见图 4.17(a); 接着将初始网络中的路段转换为节点, 如果两条路段相邻, 则在二者之间加一条边, 见图 4.17(b), 其相对角度就是这两条路段的角度之差, 见图 4.17(c); 然后将连边按照相对角度由小到大依次加入网络组分中, 直到形成包含大部分节点的巨组分, 见图 4.17(d). 此时的巨组分就是道路网络的骨架, 而对应的最大相对角度 45° 就是系统的临界点.

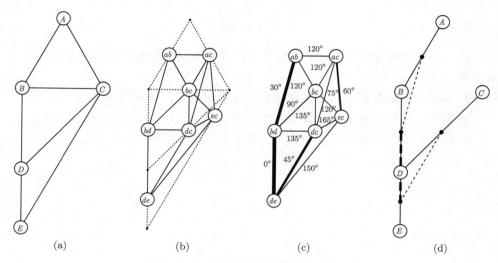

图 4.17　道路网络骨架提取示意图

(a) 初始道路网络. 其中 △ABC 为等边三角形、△BCD 为等腰直角三角形、△BCE 为锐角为 30° 的直角三

角形. (b) 点边互换网络. 虚线是初始网络. (c) 按连边的相对角度设置连边宽度. 相对角度越小, 连边越粗.

(d) 由相对角度最小的三条连边（虚线）提取的道路网络骨架（实线）

图 4.18 展示了在不同角度阈值下英国道路网络中的主要组分, 其中 (a) 显示的是第二大组分规模达到峰值时巨组分与第二大组分包含的路段. 此时的角度阈值为 45.8°, 这就是英国道路网络渗流相变临界点. 在临界点附近的巨组分所包含的路段只占英国路网全部路段的 17%, 但它已经包含了英国 98.3% 的高速公路、66.9% 的 A 级公路、47.7% 的 B 级公路和 28.8% 的低等级公路, 同时只包含了 0.5% 的街道和 0.35% 的小巷. 这些结果验证了以相邻路段相对角度作为参量的渗流模型所提取的道路网络骨架的合理性.

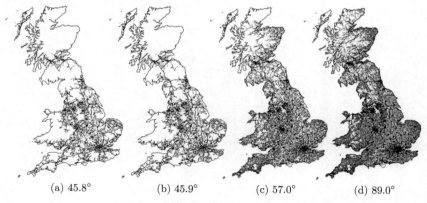

(a) 45.8°　　(b) 45.9°　　(c) 57.0°　　(d) 89.0°

图 4.18　不同角度阈值下英国道路网络中的主要组分[62]

习　题

1. 一个伊辛模型有 $N = 3$ 个处于正三角形顶点上的自旋粒子, 请计算其平均能量.

2. 编程: 用米特罗波利斯算法模拟二维伊辛模型, 绘制图 4.8.

3. 编程: 模拟二维座渗流模型, 绘制图 4.11.

4. 扩展: 阅读书籍《巴拉巴西网络科学》[24] 和《网络渗流》[25].

第 5 章　分形与重整化群

在 4.2.4 小节已经提及了分形（fractal）现象：系统在不同尺度下，总有小的部分与大的部分相似. 图 5.1中给出了一个海岸线的示例，展示了海岸线在不同尺度下的自相似特征，而分形的概念也恰恰是《英国的海岸线有多长？》[63] 一文的作者 Mandelbrot 提出的. 本章将从 Mandelbrot 的研究入手，首先介绍分形概念、分形维数计算和分形生成方法，再介绍与分形密切相关的计算相变临界指数的重整化群方法，最后介绍分形和重整化在交通系统中的典型应用.

图 5.1　海岸线在不同尺度下的自相似特征[15]

每张子图中的方框所包含的部分是箭头所指的下一张子图

5.1　分　　形

Mandelbrot 在《英国的海岸线有多长？》一文中对测量海岸线长度这一问题进行了探讨. 海岸线是极不规则、极不光滑的曲线，呈现蜿蜒复杂的变化，测量的尺度越小，海岸线呈现出来的细节也就越多（见图 5.1），测得的海岸线长度也会越长（见图 5.2）. 而且在任何尺度下看到的图形几乎都是相似的，理论上海岸线长度会达到无穷. 这与经典几何中直线或光滑曲线有固定长度的情况不同. 类似地，在计算岛屿的面积、体积时也是如此（见图 5.1）. 这说明用传统的长度、面积、体积等数学概念并不能描述这类实际图形，必须引入新的概念来描述. Mandelbrot

把这类处处不光滑且在不同尺度下具有（严格的或统计的）相似结构的图形称为
"分形".

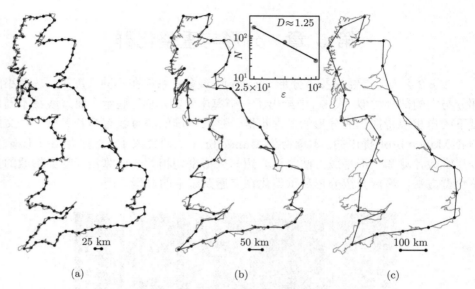

图 5.2　用不同尺度测量的英国海岸线长度

(a) ~ (c) 测量的尺度分别为 25 km、50 km、100 km，测得的海岸线长度分别为 3975 km、3600 km、2700 km

　　分形概念将"尺度"这个自变量引入物理学中，许多现象离开尺度来谈就毫
无意义了. 例如中国的海岸线长度约为 32600 km 似乎已成常识，但如果让十几
亿中国人同时拿卷尺分区测量中国海岸线长度，测量结果连接起来或许比 10^6 km
还多. 这说明在分形系统中某些量是随尺度而变化的，而想要理解分形系统的关
键是寻找该系统中随尺度变化而不变的量. 其中分形维数[①]就是分形系统中的不
变量.

5.2　分　形　维　数

5.2.1　规则分形

　　在分形这一名词使用之前，数学家就提出过很多复杂和不光滑的集合，例如
康托尔（Cantor）集、科赫（Koch）曲线和谢尔平斯基（Sierpinski）分形，此后
又提出了 Vicsek 分形等，这些都属于规则分形，具有严格的自相似性. 这类规则
分形的维数可以用下式计算：

$$D = \ln N(\varepsilon)/\ln(1/\varepsilon), \tag{5.1}$$

---

① Fractal dimension，也译作分维.

其中 D 是分形维数，$\varepsilon > 0$ 是测量单元的尺度，$N(\varepsilon)$ 是在此尺度下测量得到的单元数量. 下面用一些例子来说明分形维数的计算方法.

首先以与海岸线形态类似的 Koch 曲线（见图 5.3）为例，当用长度为 $\varepsilon = 1/3$ 的尺子去测量 Koch 曲线时，由于比 $1/3$ 小的弯曲在测量中被忽视了，所以测量出来的单元数为 4（见图 5.3(a)），曲线长度为 $4/3$；类似地，当用长度为 $\varepsilon = 1/3^2$ 的尺子去测量 Koch 曲线时，测量出来的单元数为 4^2（见图 5.3(b)），曲线长度为 $16/9$，大于长度为 $1/3$ 的尺子测量的结果. 以此类推，可知当 $\varepsilon = 1/3^n$ 时，单元数为 4^n，曲线长度 $(4/3)^n \to \infty$ 是可变量，但分形维数

$$D = \ln 4^n / \ln 3^n = \ln 4 / \ln 3 \approx 1.262 \qquad (5.2)$$

是不变量. 这说明 Koch 曲线并不是 1 维的，而是近似 1.262 维的. 而光滑的直线在任何 $\varepsilon = 1/N$ 的尺度下测得的单元数都是 N，因此其维数 $D = 1$，长度也是固定的.

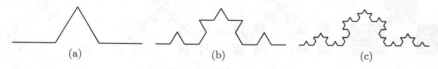

图 5.3 Koch 曲线

另一类著名的规则分形是 Cantor 集（见图 5.4），它的生成过程是三等分一条直线，挖去中段，再把剩余的两段三等分挖去中段，以此类推，得到无穷多离散点组成的集合. 如果用长度为 $\varepsilon = 1/3$ 的尺子去测量 Cantor 集时，得到的单元数为 2. 类似地，用 $\varepsilon = 1/3^n$ 的尺子测量得到的单元数为 2^n，其分形维数

$$D = \ln 2^n / \ln 3^n = \ln 2 / \ln 3 \approx 0.631. \qquad (5.3)$$

图 5.4 Cantor 集

Cantor 集也可以扩展到二维，生成过程是将一个正方形九等分后挖去中间五个小方块（见图 5.5），以此类推，用边长为 $1/3^n$ 的正方形测量，得到的单元数为 4^n，n 很大时面积趋于零，其分形维数

$$D = \ln 4^n / \ln 3^n = \ln 4 / \ln 3 \approx 1.262. \qquad (5.4)$$

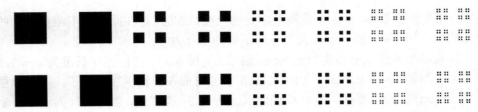

图 5.5   二维 Cantor 分形

Vicsek 分形与二维 Cantor 分形的生成过程类似（见图 5.6），只是中心多保留了一个小方块，其分形维数

$$D = \ln 5^n / \ln 3^n = \ln 5 / \ln 3 \approx 1.465. \tag{5.5}$$

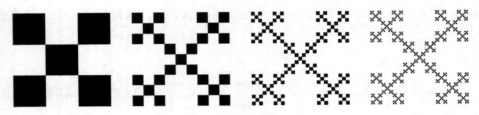

图 5.6   Vicsek 分形

Sierpinski 分形的生成过程是将一个正三角形分成四个小三角形，挖去中间的一个（见图 5.7），再把剩余的三个小三角形四等分后挖去中间一个，以此类推，用边长为 $1/2^n$ 的正三角形测量，得到的单元数为 3^n，其分形维数

$$D = \ln 3^n / \ln 2^n = \ln 3 / \ln 2 \approx 1.585. \tag{5.6}$$

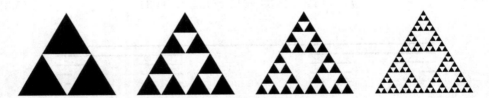

图 5.7   Sierpinski 分形

Hexaflake 分形的生成过程是将一个正六边形中的 12 个正三角形删除，保留 7 个小六边形（见图 5.8），以此类推，用边长为 $1/3^n$ 的正六边形测量，得到的单元数为 7^n，其分形维数

$$D = \ln 7^n / \ln 3^n = \ln 7 / \ln 3 \approx 1.771. \tag{5.7}$$

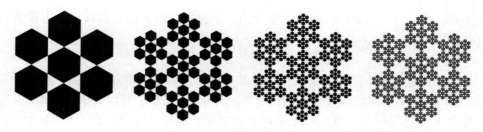

图 5.8　Hexaflake 分形

5.2.2　标度不变性

从上述规则分形的几个例子中可以看到，分形系统的长度、面积等在不同尺度下会变化，但分形维数 D 在不同尺度下是不变的，此时可将式 (5.1) 写为

$$N(\varepsilon) = \varepsilon^{-D}, \tag{5.8}$$

即测得单元数 N 是尺度 ε 的幂函数. 如果将 ε 扩大为 $\lambda\varepsilon$，根据上式可得

$$N(\lambda\varepsilon) = \lambda^{-D}N(\varepsilon), \tag{5.9}$$

这意味着尺度扩大 λ 倍后，新的函数会变为原函数的 λ^{-D} 倍，其中倍数中的量 D 是不变的，这就是尺度变换的不变性，即标度不变性.

式 (5.9) 也意味着尺度改变了 λ 倍后函数具有自相似性——新函数是膨胀（或收缩）的原函数. 例如，将图 5.3 中尺度为 $\varepsilon = 1/9$ 的 Koch 曲线的一段放大 $\lambda = 3$ 倍后，就成为尺度为 $\lambda\varepsilon = 1/3$ 的 Koch 曲线了（见图 5.3(a)），此时的新函数 $N(1/3) = 3^{-\ln 4/\ln 3}N(1/9) = 3^{-\ln 4/\ln 3}16 = 4$.

5.2.3　不规则分形

包括图 5.2 中的英国海岸线和图 4.9(a) 的粒子团簇在内的不规则分形只有统计意义下的自相似性，如何计算这些不规则分形的维数已经有了很多方法，这里只介绍几种常用的方法.

(1) 圆规法.

对于海岸线这类粗糙曲线，可以用不同半径的圆规来计算其分形维数. 图 5.2 给出了一个示例，其具体步骤为：先用半径为 $\varepsilon = 25$ km 的圆规从某个起点开始作圆弧与海岸线相交，其交点为下一个圆弧的中心，重复这一过程，直到覆盖整个海岸线为止，此时圆弧的数量为 $N(\varepsilon) = 159$；然后放大尺度，用半径为 $\varepsilon = 50$ km 的圆规测量海岸线，得到的圆弧数量为 $N(\varepsilon) = 72$. 以此类推，放大半径 ε 后可以得到更少的 $N(\varepsilon)$. 如果作 $\ln N$ 与 $\ln\varepsilon$ 的散点图后可以估计出斜率为负的直线（见图 5.2 的插入图），就表明圆弧数量与圆规半径之间存在式 (5.8) 中的幂函数关系, 其中 $1 < D < 2$ 就是海岸线的分形维数. 海岸线越曲折, 分形维数就越大.

(2) 盒计数法.

盒计数法是用不同尺度的盒子覆盖某一图形, 如果一个盒子覆盖了某种图像 (无论有多少), 则可将该盒子计为一个单元. 图 5.9 展示了盒计数法的步骤: 先用边长为 1 的正方形盒子覆盖长宽均为 8 的图形, 覆盖到黑点的盒子有 11 个; 再用边长为 2 的正方形盒子覆盖该图形, 覆盖到黑点的盒子有 7 个; 最后用边长为 4 的正方形盒子覆盖该图形, 覆盖到黑点的盒子有 3 个. 将上述三组数据绘制在双对数坐标系中, 如能估计出一条直线, 则说明在这些尺度范围内系统是分形的, 其分形维数 D 就是负的直线斜率. 类似方法也可用于一维和三维的不规则分形: 对一维分形 (例如 Cantor 集) 可以用等分的直线段分尺度进行测量, 对三维分形可以用等分的小立方体分尺度进行测量.

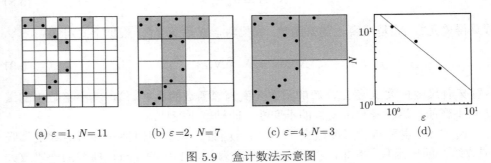

(a) $\varepsilon=1$, $N=11$ (b) $\varepsilon=2$, $N=7$ (c) $\varepsilon=4$, $N=3$ (d)

图 5.9   盒计数法示意图

(3) 回转半径法.

对含有多个团簇的系统, 除了用上述盒计数法计算分形维数之外, 也可以用回转半径法计算分形维数. 回转半径 R_g 用于描述团簇的特征长度, 其定义为

$$R_\text{g}^2 = \frac{\sum\limits_i \sum\limits_j d_{ij}^2}{2s(s-1)} \quad (i, j = 1, 2, 3, \cdots, s), \tag{5.10}$$

其中 s 是团簇中的粒子 (或节点) 总数, d_{ij} 是粒子 i 和 j 之间的距离, 分母中的 2 是由于 i 和 j 粒子之间的距离被重复计算了两次.

将所有团簇的粒子数 s 与回转半径 R_g 绘制在双对数坐标系中, 如果能估计出一条直线, 即

$$s \propto R_\text{g}^D, \tag{5.11}$$

则说明此系统是分形的. 对于二维系统, 多数情况下 D 是小于 2 的, 这是由于

团簇中包含了很多空隙，如图 4.9(c) 所示. 此外，这一方法也适用于三维系统. 表 4.1 列出了一些不同维度下的渗流模型在临界点处的分形维数.

(4) 沙盒法.

对于只有一个团簇的系统就无法使用上述回转半径法计算分形维数了，在这种情况下除了用盒计数法计算，还可以用沙盒（sandbox）法计算. 这里的沙盒指的是半径为 r 的圆（或边长为 $2r$ 的方框）. 将团簇的中心或质心作为沙盒的中心，不断增加半径 r 的值，计算沙盒中包含的粒子数量 $s(r)$，如图 5.10所示. 将不同半径 r 与对应的图像数 $s(r)$ 绘制在双对数坐标系中，如果能估计出一条直线，即

$$s(r) \propto r^D, \tag{5.12}$$

则说明此系统是分形的. 这一方法也适用于三维系统.

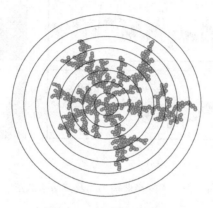

图 5.10 沙盒法示意图

注意该方法在沙盒面积接近团簇的最大尺寸时，得到的 s 值会逐渐趋向饱和，因此一般将半径 r 限制在回转半径之内. 由于已知团簇的中心，回转半径可以用以下更简单的公式计算：

$$R_g^2 = \frac{\sum_i d_i^2}{s} \quad (i = 1, 2, 3, \cdots, s), \tag{5.13}$$

其中 d_i 是粒子 i 到中心的距离.

5.2.4 噪声分形与布朗运动

许多物理和社会现象在时间上也具有分形特征，例如地震波、河流水平面、股票价格、音乐等随时间变化的曲线，这类曲线被称为 $1/f$ 噪声或粉噪声（pink noise）. 噪声是根据其功率谱密度函数 $\mathcal{S}(f)$ 的形状定义的一种随机过程，其功

率谱与频率 f 的 β 次幂成反比（见图 5.11）. 其中，$\beta = 0$ 的噪声被称为白噪声（white noise）[①]，其特点是各频段的功率均匀，听起来像收音机没电台时的嘶嘶声；$\beta = 2$ 的噪声被称为褐噪声（brown noise），其特点是功率随频率增加迅速衰减，听起来更低沉，像海边或瀑布的声音；粉噪声介于白噪声和褐噪声之间，即 $0 < \beta < 2$，其特点是功率在低频段强、高频段弱，听起来像微风的声音. 由于自然界中很多噪声的功率谱指数 β 都很接近 1，因此粉噪声常被称为 $1/f$ 噪声.

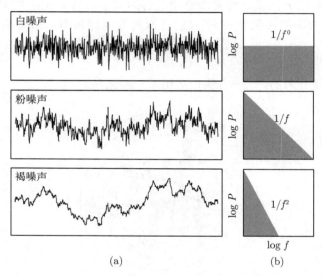

图 5.11　白、粉、褐噪声曲线 (a) 及其功率谱密度函数 (b)[64]

布朗运动（Brownian motion）是可以生成褐噪声曲线的连续随机过程. 植物学家布朗（Brown）在 1827 年观察到水中的花粉或其他微小粒子会不停地做无规则运动，爱因斯坦（Einstein）、朗之万（Langevin）等则在 20 世纪初提出了解释布朗运动的理论. 考虑一个质量为 m 的布朗粒子，它所受的作用力包括向下的重力、向上的浮力、布朗粒子运动时所受到的黏滞阻力（阻力系数 α 乘以布朗粒子的速度 v）以及一种涨落很快、引起布朗粒子做无规则运动的力 $\boldsymbol{F} = (X, Y, Z)$. 根据上述力的分析，可得到在水平面 x 方向布朗粒子所受的作用力为

$$m\frac{\mathrm{d}v}{\mathrm{d}t} = -\alpha v + X(t), \tag{5.14}$$

---

① 之所以被称为白噪声，是因为其频谱类似太阳光谱（即白光光谱），故而得名. 褐噪声的频谱类似红光谱，按道理应该被称为红噪声（的确也有文献这样称呼），但被称为褐噪声并不是由褐色（brown）而得来的，而是由可以生成褐噪声曲线的布朗（Brown）运动得来的. 粉噪声的频谱介于前两者之间，就像颜色也介于白色和红色之间那样，故被称为粉噪声或粉红噪声.

这被称为朗之万方程.

对上式两端乘以 x 可得

$$mx\frac{\mathrm{d}^2 x}{\mathrm{d}t^2} = xX(t) - \alpha x\frac{\mathrm{d}x}{\mathrm{d}t}. \tag{5.15}$$

由于

$$x\frac{\mathrm{d}x}{\mathrm{d}t} = \frac{1}{2}\frac{\mathrm{d}}{\mathrm{d}t}x^2, \quad x\frac{\mathrm{d}^2 x}{\mathrm{d}t^2} = \frac{\mathrm{d}}{\mathrm{d}t}\left(x\frac{\mathrm{d}x}{\mathrm{d}t}\right) - \left(\frac{\mathrm{d}x}{\mathrm{d}t}\right)^2 = \frac{1}{2}\frac{\mathrm{d}^2}{\mathrm{d}t^2}x^2 - \left(\frac{\mathrm{d}x}{\mathrm{d}t}\right)^2, \tag{5.16}$$

故式 (5.15) 可以写为

$$\frac{m}{2}\frac{\mathrm{d}^2}{\mathrm{d}t^2}x^2 - m\left(\frac{\mathrm{d}x}{\mathrm{d}t}\right)^2 = xX(t) - \frac{\alpha}{2}\frac{\mathrm{d}}{\mathrm{d}t}x^2. \tag{5.17}$$

对式 (5.17) 求时间平均可以得到

$$\frac{m}{2}\frac{\mathrm{d}^2}{\mathrm{d}t^2}\langle x^2\rangle - \langle mv^2\rangle = \langle xX(t)\rangle - \frac{\alpha}{2}\frac{\mathrm{d}}{\mathrm{d}t}\langle x^2\rangle. \tag{5.18}$$

由于 X 对布朗粒子来说是涨落不定的, 在长时间周期里的平均值 $\langle X(t)\rangle = 0$. 又由于 x 与 X 不相关, 因此 $\langle xX(t)\rangle = \langle x\rangle\langle X(t)\rangle = 0$. 再根据能量均分定理[①]$\langle mv^2\rangle = kT$, 式 (5.18) 就可以写为

$$\frac{\mathrm{d}^2}{\mathrm{d}t^2}\langle x^2\rangle - \frac{2kT}{m} + \frac{\alpha}{m}\frac{\mathrm{d}}{\mathrm{d}t}\langle x^2\rangle = 0, \tag{5.19}$$

这是一个关于布朗粒子均方位移 $\langle x^2\rangle$ 的微分方程, 其通解为[②]

$$\langle x^2\rangle = \frac{2kT}{\alpha}t + C_1\mathrm{e}^{-\alpha t/m} + C_2, \tag{5.20}$$

---

① 能量均分定理可以表述为: 系统微观能量表达式中的每一正平方项的平均值等于 $\frac{1}{2}kT$. 这里只给出一个简单的例子: 考虑一个温度为 T 的由大量自由粒子构成的系统, 粒子的能量 $\epsilon = \frac{1}{2}mv^2$, 按照玻尔兹曼分布, 粒子处在速度为 v 上的分布概率为 $P(\epsilon) = \mathrm{e}^{-\beta\epsilon}/Z$, 系统的平均能量为 $\langle\epsilon\rangle = \langle\frac{1}{2}mv^2\rangle = \int \epsilon P(\epsilon)\mathrm{d}v = \int \frac{1}{2}mv^2\frac{1}{Z}\mathrm{e}^{-\beta\epsilon}\mathrm{d}v = \frac{m}{2}\frac{1}{Z}\int v^2\mathrm{e}^{-\beta\frac{1}{2}mv^2}\mathrm{d}v$, 其中 $\frac{1}{Z}\int \mathrm{e}^{-\beta\frac{1}{2}mv^2}\mathrm{d}v = 1$ 是一个 0 阶高斯积分 (Gaussian integral), 对应的 2 阶高斯积分为 $\frac{1}{Z}\int v^2\mathrm{e}^{-\beta\frac{1}{2}mv^2}\mathrm{d}v = 1/(\beta m)$. 另有 $1/\beta = kT$, 综合上述公式可以得到 $\langle\frac{1}{2}mv^2\rangle = \frac{1}{2}kT$.

② 将式 (5.19) 改写为 $\frac{\mathrm{d}^2}{\mathrm{d}t^2}\langle x^2\rangle = -\frac{\alpha}{m}\left(\frac{\mathrm{d}}{\mathrm{d}t}\langle x^2\rangle - \frac{2kT}{\alpha}\right)$, 由此可知只有当 $\frac{\mathrm{d}}{\mathrm{d}t}\langle x^2\rangle = C\mathrm{e}^{-\alpha t/m} + \frac{2kT}{\alpha}$ 时, 才有 $\frac{\mathrm{d}^2}{\mathrm{d}t^2}\langle x^2\rangle = -\frac{a}{m}C\mathrm{e}^{-\alpha t/m} = -\frac{\alpha}{m}\left(C\mathrm{e}^{-\alpha t/m} + \frac{2kT}{\alpha} - \frac{2kT}{\alpha}\right) = -\frac{\alpha}{m}\left(\frac{\mathrm{d}}{\mathrm{d}t}\langle x^2\rangle - \frac{2kT}{\alpha}\right)$, 进而可解得 $\langle x^2\rangle = \frac{2kT}{\alpha}t + C_1\mathrm{e}^{-\alpha t/m} + C_2$, 其中 $C_1 = -\frac{m}{\alpha}C$.

其中 C_1、C_2 是积分常数.

实际中布朗粒子位移的阻力系数 α 远大于粒子质量 m，因此式 (5.20) 中的 $C_1 \mathrm{e}^{-\alpha t/m}$ 一项可以略去. 再考虑 $t = 0$ 时 $\langle x^2(t) \rangle = 0$，因此 C_2 也为 0. 此时式 (5.20) 就可以写为

$$\langle x^2(t) \rangle = \frac{2kT}{\alpha} t \propto t, \tag{5.21}$$

这被称为爱因斯坦公式.

下面计算布朗粒子速度的时间关联函数. 粒子速度的变化率在 $\Delta t \to 0$ 时可以写为

$$\frac{\mathrm{d}v}{\mathrm{d}t} = \frac{v(t + \Delta t) - v(t)}{\Delta t}. \tag{5.22}$$

将式 (5.22) 代入式 (5.14) 并在两端乘以 $v(0)$ 可得

$$\frac{v(0)v(t + \Delta t) - v(0)v(t)}{\Delta t} = -\frac{\alpha}{m}v(0)v(t) + \frac{v(0)X(t)}{m}. \tag{5.23}$$

将此方程对时间求平均，可以得到

$$\frac{\langle v(0)v(t + \Delta t) - v(0)v(t) \rangle}{\Delta t} = -\frac{\alpha}{m}\langle v(0)v(t) \rangle + \frac{\langle v(0)X(t) \rangle}{m}. \tag{5.24}$$

由于 v 与 X 不相关且 $\langle X(t) \rangle = 0$，因此 $\langle v(0)X(t) \rangle = 0$. 再考虑 $\Delta t \to 0$，上式就可以写为

$$\frac{\mathrm{d}}{\mathrm{d}t}\langle v(0)v(t) \rangle = -\frac{\alpha}{m}\langle v(0)v(t) \rangle, \tag{5.25}$$

其解为

$$\langle v(0)v(t) \rangle = \mathrm{e}^{-\alpha t/m} = \mathrm{e}^{-t/\tau}, \tag{5.26}$$

这就是布朗粒子速度的时间关联函数，其中 $\tau = m/\alpha$ 是粒子速度衰减的特征时间.

根据维纳–辛钦（Wiener-Khinchine）定理，对式 (5.26) 进行傅里叶（Fourier）变换就可以得到功率谱密度函数

$$\begin{aligned}
\mathcal{S}(f) &= \int_0^\infty \mathrm{e}^{-t/\tau} \mathrm{e}^{-\mathrm{i}ft} \mathrm{d}t = \int_{-\infty}^0 \mathrm{e}^{t/\tau} \mathrm{e}^{-\mathrm{i}ft} \mathrm{d}t \\
&= \frac{1}{2}\left(\frac{1}{1/\tau + \mathrm{i}f} + \frac{1}{1/\tau - \mathrm{i}f}\right) = \frac{\tau}{1 + (\tau f)^2}.
\end{aligned} \tag{5.27}$$

当 $\tau f \gg 1$ 时，$\mathcal{S}(f) \sim f^{-2}$，这就是褐噪声，幂指数 $\beta = 2$ 就是褐噪声的功率谱指数.

布朗运动可以进一步推广为分形布朗运动[65]，即将式 (5.21) 普遍化为

$$\langle x^2(t) \rangle \propto t^{2H}, \tag{5.28}$$

其中参数 $0 < H < 1$ 是赫斯特（Hurst）指数，它是用来衡量时间序列是否有长期记忆性的一个指标.

对于分形布朗运动，可将 $x(t)$ 写成

$$x(t) \propto t^H, \tag{5.29}$$

注意这里的 H 不是说 $x(t)$ 是时间 t 的幂函数，而是指 $x(t)$ 与 $\lambda^{-H}x(\lambda t)$ 在统计意义上没有区别，常写成

$$x(t) \xrightarrow{\text{在统计意义上}} \frac{x(\lambda t)}{\lambda^H}. \tag{5.30}$$

用上式就可以得到分形维数 D 与赫斯特指数 H 之间的关系. 先对区间 $t \in [0,1]$ 内的 $x(t)$ 的范围用尺度为 r 的正方形盒子去覆盖，假设此时需要的盒子数是 N 个. 然后再用尺度为 $r/2$ 的盒子去覆盖，由于 $x(t)$ 和 $x(2t)/2^H$ 在统计意义上是不变的，此时的 $x(t)$ 在区间 $t \in [0,1/2]$（或区间 $t \in [1/2,1]$）内的范围就是原来的 $x(t)$ 在区间 $t \in [0,1]$ 内的 $1/2^H$ 倍，此时需要的盒子数就是 $2N/2^H$ 个，区间 $t \in [0,1]$ 内需要的盒子数就是 $2^{2-H}N$ 个. 以此类推，用尺度为 $r/2^n$ 的盒子覆盖所需的盒子数就是 $(2^{2-H})^n N$ 个. 当 n 很大时，根据式 (5.1) 可知分形维数

$$D = \ln[(2^{2-H})^n N]/\ln(2^n/r) \approx \ln[(2^{2-H})^n]/\ln(2^n) = 2 - H. \tag{5.31}$$

由于 $0 < H < 1$，所以分形布朗运动的维数 $1 < D < 2$.

由于分形布朗运动具有如下形式的功率谱密度函数

$$\mathcal{S}(f) \propto f^{-\beta}. \tag{5.32}$$

从量纲的角度考虑，t^{2H} 和 $f\mathcal{S}(f)$ 都是能量的量纲，两者相等：

$$f\mathcal{S}(f) = f^{1-\beta} = t^{2H} = f^{-2H}, \tag{5.33}$$

由此得到分形布朗运动的功率谱指数

$$\beta = 2H + 1, \tag{5.34}$$

取值为 $1 < \beta < 3$. 将上式代入式 (5.31) 就可得到噪声功率谱指数与分形维数的关系为

$$\beta = 5 - 2D. \tag{5.35}$$

5.3   分形生成方法

在分形生成方面已经提出了很多方法,本节将介绍其中最著名的两类方法: 一类是模拟分形生长过程的扩散限制聚集 (diffusion-limited aggregation,DLA) 模型,另一类是绘制树木、树叶、草等植物形态的 L 系统.

5.3.1   DLA 模型

DLA 模型是由 Witten 和 Sander 在 20 世纪 80 年代提出的[66],可以用来模拟金属超薄膜、细菌群落、城市用地等很多物理、自然和社会系统的分形生长过程. DLA 模型的具体规则如下:

(1) 首先在正方形网格上放置一个初始粒子作为中心;

(2) 计算中心到团簇边界的最远距离 R_a,见图 5.12 (下同);

(3) 在距离团簇中心 $R_l = R_a + \delta r$ 的圆周上随机放置新粒子;

(4) 新粒子以相同概率向上下左右 4 个方向随机扩散,直至与旧粒子接触聚集为团簇的一部分,或扩散到距离团簇中心 $R_k = R_a + \Delta r$ 的圆周以外被舍弃;

(5) 重复步骤 (2)、(3)、(4),直至达到给定的团簇包含粒子数量.

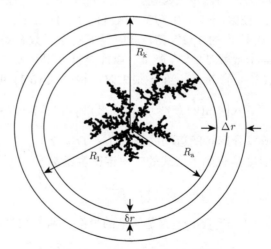

图 5.12   DLA 模型示意图[67]

R_a 是团簇边界到中心的最远距离. 在距中心 $R_l = R_a + \delta r$ 的圆周上随机放置新粒子. 粒子扩散到半径为

$R_k = R_a + \Delta r$ 的圆周外会被舍弃

在运行 DLA 模型前需要先设置 δr 和 Δr 这两个参数 (例如令 $\delta r = 5$,$\Delta r = 3\delta r$),目的是让模型计算时间更短. 图 5.10中用沙盒法测量的团簇就是 DLA 模型的分形生长结果,其中圆点是 DLA 模型生成的团簇中的粒子. 从图 5.10和图 5.12中可以看到,DLA 模型生成的团簇形状很像树枝,具有很多向四周伸展的分枝. 如果把其中一个较大的分枝缩小并略去细节后，它和较小的分枝形状就非常相似，这说明 DLA 模型生成的团簇具有自相似性，即具有分形特征. 通过对大量二维①DLA 模型生成的团簇进行测算，得出的分形维数大约在 1.6 到 1.7 之间[10].

DLA 生长结果为何会呈现树枝形状目前还缺乏定量化的理论解释，但可以从定性的角度来理解，这被称为"屏蔽效应". 具体而言，就是某个新粒子随机扩散到团簇的某个粒子上会形成很小的凸起部分，而后续粒子扩散到这种凸起部分的概率就会比扩散到凹陷部分的概率更高. 因此开始稍有凸起的部分就会变得越来越大，而凹陷部分被凸起部分屏蔽，新粒子能扩散到此的概率会越来越低，团簇整体上会逐渐形成树枝形状.

DLA 模型生成由中心向外分枝生长的形状和很多实际观测现象都非常相似，例如多孔介质中的黏性指进②、液体界面上的电解沉积、培养基板上的细菌生长等（见图 5.13）. 这说明 DLA 模型通过简单的规则就可以再现很多物理或自然现象，在一定程度上揭示了一些实际系统分形生长的形成机制，因此 DLA 及其改进模型在实际中获得了广泛的应用.

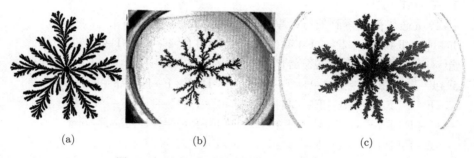

图 5.13 类似 DLA 模型分形生长的实验结果

(a) 为空气注入硅油后空气泡的黏性指进，分形维数 $D \approx 1.71 \pm 0.03$[68]；(b) 为电解沉积的锌金属叶片，$D \approx 1.66 \pm 0.03$[69]；(c) 为枯草芽孢杆菌在琼脂基板上的分形生长，$D \approx 1.71 \pm 0.016$[70]

5.3.2 L 系统

大多数树木和草的分权构造都具有分形特征，分形维数在常春藤的 1.28 和车轮藤的 1.79 之间，全品种的平均维数约为 1.5[10]. 为绘制植物的形态，Lindenmayer 在 20 世纪 60 年代开发了一套语法系统，简称 L 系统[71]. L 系统抓住了自相似这一分形基本性质，通过简单的符号（见表 5.1）迭代就可以生成复杂的分形图形.

---

① DLA 模型也可以在三维空间中生长，只需把模型规则 (4) 中的上下左右 4 个方向扩展为上下左右前后 6 个方向即可. 此时的图 5.12就可以看作是一个球体. 三维 DLA 模型生成团簇的分形维数约为 2.5.

② 黏性指进（viscous fingering）现象是一种黏度小的流体驱替黏度较大的流体时产生的一种现象，由于两种流体黏度的差异造成驱替过程分散液束形式，像"手指"一样向前推进. 这种现象在油田开采过程中普遍存在.

表 5.1　　L 系统的一些主要符号

符号	含义	符号	含义
A ∼ Z	按单位长度绘制一条线向前移动	a ∼ z	按单位长度向前移动但不绘制线
+	按转动角度向左转动	−	按转动角度向右转动
<	用线长比例除以线长	>	用线长比例乘以线长
!	按线宽增量减少线宽	#	按线宽增量增加线宽
[	将当前绘图推入堆栈	]	从堆栈弹出当前绘图

注: 取自 http://www.paulbourke.net/fractals/lsys/.

L 系统由 (V, ω, P) 三部分组成, 其中 V 是各种符号, ω 是初始符号串, P 是符号的替换规则. L 系统绘图前需要先设置初始值, 包括初始符号串、线条单位长度、转动角度、迭代次数等, 然后根据设定的符号替换规则进行迭代替换, 最后用最终得到的符号串绘制图形.

以 5.2.1 小节中图 5.3 的 Koch 曲线为例, 首先设置初始符号串为 F (即绘制一条线), 转动角度为 60°, 线条单位长度为 1, 迭代次数为 3, 然后再设定符号替换规则 F=F+F−−F+F 开始迭代.

第 1 次迭代替换得到的符号串为 (对应图 5.3(a)):

F+F−−F+F[1]

第 2 次迭代替换得到的符号串为 (对应图 5.3(b)):

F+F−−F+F+F+F−−F+F−−F+F−−F+F+F+F−−F+F

第 3 次迭代替换得到的符号串为 (对应图 5.3(c)):

F+F−−F+F+F+F−−F+F−−F+F−−F+F+F+F−−F+F+F+F
−−F+F+F+F−−F+F−−F+F−−F+F+F+F−−F+F−−F+F
−−F+F+F+F−−F+F−−F+F−−F+F+F+F−−F+F+F+F
−−F+F+F+F−−F+F−−F+F−−F+F+F+F−−F+F

此时迭代结束, 接下来就可以用最终得到的符号串根据 L 系统符号规则 (见表 5.1) 进行绘图. 当然还可以增加迭代次数来获得更细致的 Koch 曲线, 但从上述替换后的符号串中可以看到符号串长度是指数增长的, 这意味着绘图时间也会指数增长, 因此一般用 L 系统绘图时不会设置过高的迭代次数.

L 系统的主要用途是绘制植物. 这里给出一个绘制二叉树的简单例子. 首先设置初始符号串为 AB, 转动角度为 60°, 迭代次数为 9, 以及初始的线长、线宽和线长线宽的缩放比例[2]. 然后再设定符号替换规则 B=A<![−B][+B][3], 其含义是缩小分枝的线长和线宽[4], 并向左右分别绘制分枝. 迭代 9 次后得到的二叉树

---

[1] 其含义为: 先绘制 1 条直线 F; 接着向左 (+) 转动 60°, 绘制第 2 条直线 F; 然后向右 (−−) 转动 120°, 绘制第 3 条直线 F; 最后向左 (+) 转动 60°, 绘制第 4 条直线 F.

[2] 多数 L 系统中都有默认值, 也可以修改.

[3] 这里设置了一个替换规则, L 系统还可以设置更多替换规则.

[4] 这更符合实际, 因为树木从主干到枝叶, 长度宽度都是在逐渐缩小的, 对于动物体内的流体输运网络 (气管、血管等) 也是如此, 见第 8 章的图 8.2(a)、(b).

见图 5.14(a)，从中可以看到这种规则的二叉树具有很强的自相似性——将一个分枝按适当尺度缩放后看起来就和其他分枝没有区别.

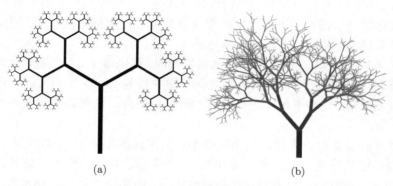

(a) (b)

图 5.14 L 系统绘制的二叉树

(a) 规则二叉树；(b) 随机二叉树

当然，实际的树木形状更复杂一些. 为让 L 系统绘制的树木与真实树木更相似，可以在绘制程序中为线条长度、宽度、角度等设置合适的随机范围，图 5.14(b) 给出了随机绘制二叉树的一个示例. 此外还可以在多种替换规则中按给定概率随机选取规则、将二维绘图扩展到三维绘图、加入颜色等，这样绘制的树木就更像真实树木. 不过这些细节已经属于计算机绘图问题，超出本书讨论范围，此处不再介绍这些内容.

5.4 重整化群

20 世纪 70 年代 Mandelbrot 提出了分形的概念，在同时期 Wilson 则把量子场论中的重整化群[①]方法应用于临界现象的研究，并取得重大突破[②]. 分形的出发点是几何，重整化的出发点是物理，二者是在同一时期独立提出的. 但在深入研究复杂现象的今天，人们发现这二者之间有非常紧密的联系. 首先是二者都研究包含大量粒子或单元的系统：物理学中具有相变和临界现象的系统包含了大量的粒子，而具有分形特征的系统（海岸线、人脑、地震、星体分布等）则包含了大量不同尺度的单元（如弯曲、神经元、大小地震和星体）. 更重要的是二者都具有自相似性：分形系统在不同尺度下观察到的局部结构都非常相似，而渗流、铁磁等相变系统在趋近临界点时会形成许多大大小小的团簇，其尺度大到关联长度量级，小到微观粒子量级，如果用不同倍数的放大镜去看特定区域，总会看到相似的结

① Renormalization group, 也译作重正化群.

② 由此获得 1982 年的诺贝尔物理奖.

构特征. 既然分形系统可以用 5.2 节中变换尺度的方法来计算分形维数 D, 那么相变系统也可以用变换尺度的方法计算其临界点和临界指数, 这正是重整化群方法的核心思想——对有自相似的结构进行重新整理 (变换尺度) 的 "重整" 问题, 不断重整化变换后得到的不同尺度的整体就构成了 "重整化群". 下面用两个简单的例子来说明重整化群方法的基本思路.

先以 4.3.1 小节的二维方格座渗流模型为例. 首先将 2×2 个座划分为一个元胞, 若座之间的距离为 1, 那么元胞之间的距离就是 2, 以 2 为间隔就可以组成新的重整化网格. 这种重整化过程可以不断进行下去, 这就是不断变换尺度, 构成重整化群.

然后用权重函数计算元胞的占位概率. 如果元胞中 4 个座都放置了导电球, 这个元胞必然是导电的. 如果元胞中有 3 个座都放置了导电球 (这种情况有 4 种), 此时元胞在横纵两个方向都可以通过电流, 因此可以认为这种元胞也是导电的. 而在元胞只放置了两个及以下导电球的情况下, 可以认为这个元胞是绝缘的. 因此可以计算元胞的占位概率为

$$p_1 = p^4 + 4p^3(1-p) = 4p^3 - 3p^4, \tag{5.36}$$

其中 p 是座的占位概率. 类似地, 也可以将第 $i+1$ 次重整化的元胞占位概率写为

$$p_{i+1} = 4p_i^3 - 3p_i^4. \tag{5.37}$$

接着确定重整化变换的不动点. 显然当

$$p_1 = p_c = p \tag{5.38}$$

时就可以得到不动点, 此时有

$$p_c = 4p_c^3 - 3p_c^4. \tag{5.39}$$

上式有 0、1、$\dfrac{1+\sqrt{13}}{6} \approx 0.768$ 和 $\dfrac{1-\sqrt{13}}{6} \approx -0.434$ 四个解, 其中 -0.434 无意义, 0 和 1 分别表示没有占位和全部占位[①], 因此不动点就是 $p_c \approx 0.768$, 注意这比实际的临界点 $p_c \approx 0.593$ (见表 4.1) 大一些.

最后计算临界指数. 以关联长度指数为例, 先将 p 在 p_c 附近泰勒展开, 再结合式 (5.38) 可得

$$p_1 = p \simeq p_c + \lambda(p - p_c), \tag{5.40}$$

其中 $\lambda = \dfrac{\mathrm{d}p}{\mathrm{d}p_c}$ 是 p 的一阶导数.

---

① 这两种情况下显然也可以重整化, 但无意义.

对于二维方格座渗流，可通过对式 (5.39) 求导得到

$$\lambda = \frac{\mathrm{d}p}{\mathrm{d}p_c} = 12p_c^2 - 12p_c^3 \approx 1.643. \tag{5.41}$$

根据式 (4.36) 可知，当 p 非常接近临界点 p_c 时，关联长度是有限的，可写成如下形式

$$\xi' = |p - p_c|^{-\nu}, \tag{5.42}$$

重整化后有

$$\xi_1' = |p_1 - p_c|^{-\nu}. \tag{5.43}$$

另根据式 (5.40) 可知

$$p_1 - p_c = \lambda(p - p_c), \tag{5.44}$$

结合式 (5.42)、(5.43)、(5.44) 可得

$$\frac{\xi_1'}{\xi'} = \frac{|p_1 - p_c|^{-\nu}}{|p - p_c|^{-\nu}} = \frac{\lambda^{-\nu}|p - p_c|^{-\nu}}{|p - p_c|^{-\nu}} = \frac{1}{\lambda^\nu}, \tag{5.45}$$

即

$$\nu = \frac{\ln(\xi'/\xi_1')}{\ln \lambda}. \tag{5.46}$$

由于二维方格座渗流的元胞间隔是座间隔的 2 倍，因此重整化后的关联长度 ξ_1' 就是原始关联长度 ξ' 的一半，由此可以计算二维方格座渗流的关联长度指数为 $\nu \approx \ln 2 / \ln 1.643 \approx 1.396$，与理论值 $\nu = 4/3 \approx 1.333$ 较为接近.

类似地，可以将上述重整化群方法应用到二维三角座渗流模型. 步骤基本相同：首先将排成三角座的三个座划分为一个元胞，元胞之间的距离是座间距离的 $\sqrt{3}$ 倍；然后计算权重函数，假设元胞两个及以上的座被占用就是导电的，此时元胞占位概率为 $p_1 = p^3 + 3p^2(1 - p)$；接着确定不动点，可得

$$p_1 = p_c = 3p_c^2 - 2p_c^3, \tag{5.47}$$

其有意义的解为 0.5，与理论的临界点 $p_c = 0.5$（见表 4.1）是一致的；最后计算关联长度指数，通过对上式求导可得

$$\lambda = \frac{\mathrm{d}p_1}{\mathrm{d}p_c} = 6p_c - 6p_c^2 = 1.5, \tag{5.48}$$

代入式 (5.46) 可得到 $\nu \approx \ln\sqrt{3} / \ln 1.5 \approx 1.355$，与理论值 $\nu = 4/3 \approx 1.333$ 非常接近.

　　通过对比上述二维方格座渗流和二维三角座渗流的重整化群结果可以看到，二维三角座渗流的结果更接近理论值，而二维方格座渗流的结果则相对偏离理论值. 这主要是由元胞是否导电的假设所导致的. 对于二维方格座渗流，从图 5.15(a) 中可以看到，尽管中间元胞只包含了两个导电球，但它依然连通了左右两个元胞；而从图 5.15(b) 中可以看到，尽管中右两个元胞都包含了三个导电球，但二者之间并未连通，反而是左中两个元胞连通. 这说明假定含三个导电球的元胞导电、含一个和两个导电球的元胞绝缘都存在一定问题. 相比二维方格，二维三角中元胞包含两个或三个导电球就可以导电的假设相对更符合实际一些，因此其结果也更接近理论值. 这说明根据不同类型相变的特点，用恰当规则和方法进行重整化以确定不动点是一个非常重要的环节. 在这方面已经发展了很多相对复杂的方法以提高重整化精度，本书不再介绍这些内容. 此外，前面两个例子只展示了临界点和关联长度指数的计算，用重整化群方法也可以计算其他临界指数，感兴趣的读者可以参阅重整化群方面的专著.

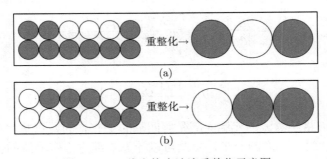

图 5.15　二维方格座渗流重整化示意图

5.5　应 用 示 例

5.5.1　城市路网空间分形

　　研究表明许多城市的交通网络都具有空间几何分形特征，而分形维数是刻画这类城市交通网络空间分布结构的重要指标. 柏春广和蔡先华对南京市区道路网络的空间分形特征进行了研究[72]. 他们使用沙盒法对南京市区路网的分形维数进行了测算，其中路网中心设为该市的交通枢纽新街口，计算的路网属性分别是半径为 r 的沙盒所覆盖的道路长度 $l(r)$ 和分枝数量[①]$s(r)$，半径 r 的取值分别为 1 km, 2 km, 3 km, $\cdots$, 9 km, 见图 5.16.

　　图 5.17(a) 展示了南京市区道路长度 $l(r)$ 与沙盒半径 r 之间的关系，图 5.17(b) 展示了分枝数量 $s(r)$ 与沙盒半径 r 之间的关系，二者均近似具有对数线

---

　　① 即道路交叉点数量.

图 5.16 南京市区路网[72]

圆周之间的距离为 1 km

性关系, 道路长度分形维数 $D \approx 1.574$, 分枝数量分形维数 $D \approx 1.3934$. 在分析南京市区路网空间几何分形的基础上, 该研究进一步分析了南京市鼓楼、玄武、白下、秦淮、建邺、下关 6 个行政区路网的分形性质①. 由于对各区无法选取合适的中心点使用沙盒法计算分形维数, 因此采用了盒计数法, 盒边长 r 的取值分别为 50 m, 100 m, 150 m, $\cdots$, 500 m. 图 5.17(c)、(h) 展示了分枝数量 $s(r)$ 与盒边长 r 之间的关系, 均近似具有对数线性关系, 分形维数在 1.3568 与 1.4991 之间. 其中下关区的分形维数最大, 其次分别为鼓楼区、秦淮区、建邺区、白下区, 最小的是玄武区. 分形维数越大说明路网交叉点总数越多, 即路网的结构复杂, 连通性较高; 反之则说明路网的结构简单, 连通性较低. 柏春广和蔡先华认为玄武区的分形维数较低是由于玄武湖、紫金山等自然障碍的存在使玄武区道路网络的分布受到了明显限制所导致的. 总之, 分枝分形维数反映的交通网络连通性可作为量化交通网络结构的指标, 它能揭示交通网络的交叉特征及其复杂的空间变化, 对交通网络规划、评价等工作具有重要的参考价值.

5.5.2 城市路网拓扑分形

城市道路网络除了具有前述介绍的空间几何分形特征, 在网络拓扑结构上也存在分形特征. 宋朝鸣等最早使用重整化方法来计算万维网、演员网、细胞网等复杂网络的拓扑分形维数[73]. 他们用类似 5.2.3 小节中盒计数法的方法对网络进行重整化, 此处的盒子是指网络中一部分节点的集合, 在此集合中任意两点间的拓扑距离都小于 ℓ_B（见图 5.18(a) 的第 1 列）. 将这些集合看作新的节点, 再通过集合之间的连接就可以形成一个重整化网络, 其中节点数量为 N_B（见图 5.18(a) 的第 2 列）. 通过统计不同尺度盒子的 ℓ_B 与重整化网络节点数 $N_B(\ell_B)$ 之间的对数

① 按该研究时南京市的行政区域划分.

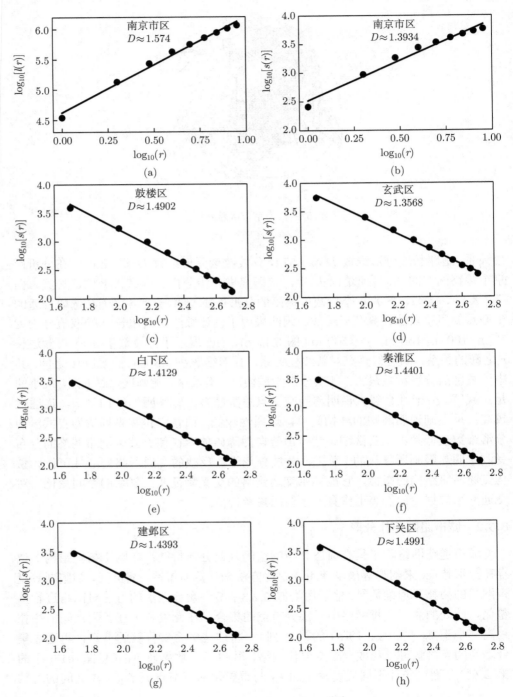

图 5.17　南京路网分形维数[72]

关系, 就可以得到网络拓扑分形维数 D_B. 此外, 上述重整化方法可以把网络节点逐层合并, 在此过程中不同尺度的重整化网络在拓扑结构上往往是具有相似性的, 见图 5.18(b).

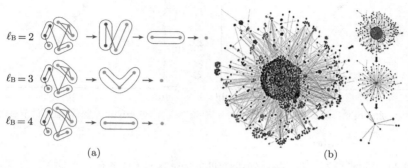

$$\ell_B = 2$$

$$\ell_B = 3$$

$$\ell_B = 4$$

(a)
(b)

图 5.18 网络重整化示意图[73]

(a) 不同拓扑距离取值下的网络重整化过程; (b) 拓扑距离 $\ell_B = 3$ 时万维网在三次重整化后得到的自相似网络

交通网络的拓扑分形维数也可以用重整化方法计算[74-76]. 张红和李志林[75] 用重整化方法 (见图 5.19) 对美国人口最多的 50 个郡的道路网络拓扑分形维数进行了计算, 分形维数在 2.94 到 4.9 之间, 远高于二维平面上道路网络的空间分形维数. 他们认为城市道路网络的分形和自相似有助于改善系统的运输效率, 增强网络的鲁棒性. 卢中铭等[76] 则以美国 95 个大都市区的道路网络为例, 用类似方法发现大都市区路网同样具有典型的拓扑分形特征 (图 5.20 给出了一个例子), 分形维数在 2.2 到 3.6 之间, 普遍小于万维网 (4.1)、演员网 (6.3) 等复杂网络的分形维数, 这意味着道路网络的分形结构演化在一定程度上受到了地理环境的限制. 这些发现有助于理解城市路网的复杂性, 可为城市和道路交通网络规划提供参考.

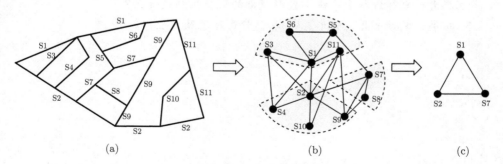

(a)
(b)
(c)

图 5.19 城市道路网络重整化示意图[75]

(a) 是道路网络; (b) 是拓扑网络, 其中节点是一条道路, 如果两条道路存在连接则在二者间建立一条边; (c) 是 $\ell_B = 3$ 时得到的重整化网络

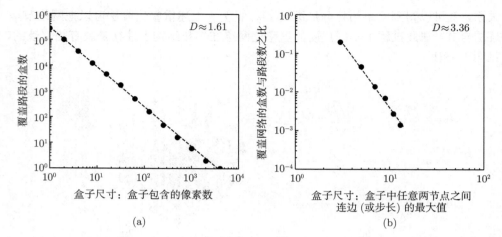

图 5.20　美国亚特兰大都市区路网的空间分形维数 (1.61) 和拓扑分形维数 (3.36)[76]

习　题

1. 在二维方格座渗流模型中，将包含四个、三个、两个横向或纵向相邻导电球的元胞认为可以通过电流，将包含两个斜向导电球和一个导电球的元胞认为不可通过电流，请计算其不动点及关联长度指数.

2. 编程：模拟一维布朗运动（也称醉汉游走）——游走者每一步向正、负方向游走的概率、耗时、距离都相同，请绘制游走者轨迹，并统计某时刻下的位移分布 $x(t)$.

3. 编程：收集能反映城市用地（或其他）的数据，选择合适方法计算城市的分形维数并绘图.

4. 思考：自然或社会系统中分形现象的形成机制是什么？

5. 扩展：阅读书籍《分形》[12] 和《分形原理及其应用》[10].

第 6 章　自组织临界性

第 4 章介绍了相变临界点处的临界现象, 这些临界现象都是由外界参数 (温度、占位或删除比例等) 驱动而产生的. 还有一种不需要外界特意驱动、仅依靠自身的演变发展就能发生的临界现象, 被称为自组织临界性 (self-organized criticality). 自组织临界性由 Bak 等在 20 世纪 80 年代提出后, 被学者在地震与火山爆发、黑洞与日辉耀斑、夸克与胶子团簇、噪声与环境污染、生态与物种灭绝、大脑与神经网络、市场与金融危机、城市与交通堵塞等很多领域开展了大量的研究, 说明自组织临界性在自然和社会系统中是普遍存在的. 本章将首先介绍能直观展示自组织临界性的沙堆模型, 接着介绍与沙堆模型密切相关的级联失效模型, 然后介绍自组织的集群运动模型, 最后介绍上述模型在交通系统中的典型应用.

6.1　沙　堆　模　型

6.1.1　模型背景

沙堆是说明自组织临界性的一个直观例子. 图 6.1 展示了海滩上的孩子让沙粒缓缓流下而形成一个沙堆的场景. 开始的时候沙堆是平的, 沙粒或多或少地会停留在它们落下的位置上. 堆沙过程在继续, 沙堆变得越来越陡峭, 会有一些沙粒沿着沙堆滑落下来, 沙粒可能会附在其他沙粒的顶部, 也可能再滑到一个较低的层次. 尽管在此过程中可能会使其他沙粒轮流滑落, 但一粒沙的加入只会导致一个局域的扰动 (类似小范围的雪崩), 而不会影响位于沙堆较远部分的沙粒.

但当沙堆变得更为陡峭的时候, 一粒沙就很有可能使更多沙粒倒塌. 最终, 当沙堆的陡峭到达一定程度的时候, 沙堆就不再增长, 平均来看加到沙堆上的沙的数量与从沙堆边缘上掉下的沙的数量是相等的. 这是一个亚稳的临界态, 沙的平均数量与沙堆的平均斜率都趋于常数. 如果再加入沙粒, 滑动的沙粒就会越来越多, 一些滑动的沙粒甚至可能导致整个或大部分沙堆倒塌 (类似大范围的雪崩). 在这一点上, 系统远离了平衡进入非临界态. 而随着沙粒的继续加入, 系统又会从非临界态自组织地转到临界态, 这就说明沙堆这种系统具有自组织临界性.

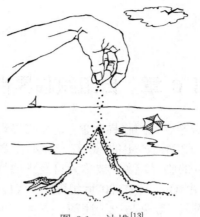

图 6.1   沙堆[13]

6.1.2   模型规则

Bak 等对上述的沙堆崩塌过程建立一个简单而深刻的模型[77]. 他们用一个 $L \times L$ 的网格来代表沙粒落在其上的平台，其中每个方格都有一个坐标 (x, y)，$Z(x, y)$ 表示落在方格中的沙粒数. 假设每粒理想的沙都是大小为 1 的立方体，这样每一粒沙都能和另外的沙粒完美地堆在一起. 随机选取一个方格，把一粒沙加到这个方格里，即

$$Z(x, y) \rightarrow Z(x, y) + 1. \tag{6.1}$$

一旦某个方格的高度 Z 超过了一个临界值 $Z_c = 3$，那么这个方格就会向邻近的 4 个方格中各输送一粒沙，这个方格的高度就会减小 4 个单位，即当

$$Z(x, y) > 3 \tag{6.2}$$

时

$$Z(x, y) \rightarrow Z(x, y) - 4. \tag{6.3}$$

同时它的 4 个邻居的高度分别增加 1 个单位，即

$$Z(x \pm 1, y) \rightarrow Z(x \pm 1, y) + 1 \tag{6.4}$$

和

$$Z(x, y \pm 1) \rightarrow Z(x, y \pm 1) + 1. \tag{6.5}$$

如果某个邻居的高度也超过了 3，上述倒塌过程也会发生.

根据上述规则，不断给网格中投掷沙粒. 如果倒塌的方格碰巧在网格边缘上，那么这个方格只让它网格中的邻居高度加 1，其余沙粒就从平台边缘掉下去.

图 6.2 展示了一个小规模沙堆模型中的倒塌雪崩过程：一粒沙掉在位于网格中央高度为 3 的方格中，从而导致了一个由 9 个倒塌事件组成的雪崩，雪崩的规模 $s=9$（见图 6.2 右下角子图，其中颜色更深的中间方格倒塌了两次），雪崩的时长 $t=7$（即图 6.2 中有灰色覆盖方格数字的子图数量）.

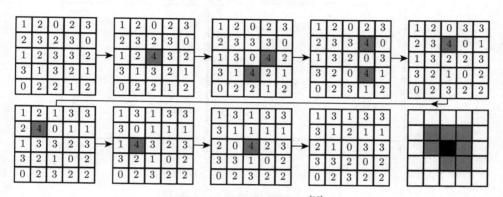

图 6.2 沙堆模型示意图[13]

发生倒塌的方格标为灰色，右下角子图是雪崩的规模

6.1.3 模型结果

对上述沙堆模型进行计算机模拟,并统计每一次雪崩的规模 s 和时长 t. 图 6.3 展示了雪崩规模分布，从图中可以看到雪崩规模分布 $D(s)$ 和雪崩规模 s 具有幂律关系 $D(s) \propto s^{-\tau}$. 这意味着通常情况下仅会发生小规模的雪崩（一粒沙落下来后仅会影响很少的其他沙粒），而当不断重复落下沙粒到一定数量时，就会发生大规模的雪崩.

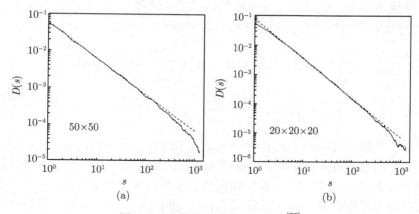

图 6.3 沙堆模型雪崩规模分布[77]

(a) 50×50 的二维网格，幂指数 $\tau \approx 0.98$; (b) $20 \times 20 \times 20$ 的三维网格，幂指数 $\tau \approx 1.35$

图 6.4展示了雪崩时长分布, 从图中可以看到雪崩时长分布 $D(t)$ 和雪崩规模 t 也具有幂律关系 $D(t) \propto t^{-\alpha}$. 这是由于雪崩规模分布会影响雪崩时长的分布, 规模越大的雪崩经历的时间也会越长.

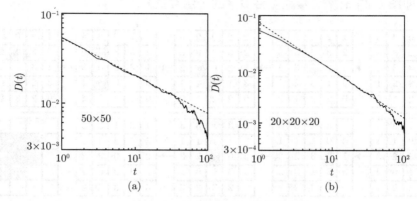

图 6.4　沙堆模型雪崩时长分布[77]

(a) 50×50 的二维网格, 幂指数 $\alpha \approx 0.42$; (b) $20 \times 20 \times 20$ 的三维网格, 幂指数 $\alpha \approx 0.90$

沙堆模型为地震、火山爆发、山体滑坡等灾变现象中的幂律分布提供了简明的机制解释. 许多复杂系统都会有雪崩行为, 即系统的某个部分能以多米诺效应的方式影响其他部分. 地球中地壳的崩坍就是以这种方式传播而形成地震的, 而且地震规模与地震次数之间也具有幂律关系 (尽管和沙堆模型的幂指数不同). 这种幂律关系表明大地震并不占有特殊的地位, 它们和小地震一样遵从同样的规律.

6.1.4　解释分形

沙堆模型还为一些时空分形现象提供了理论解释. 在时间方面, 由雪崩时长分布 $D(t) \propto t^{-\alpha}$ 可以计算出雪崩的噪声功率谱为

$$\mathcal{S}(f) = \int_{t_{\min}}^{t_{\max}} \mathcal{S}_t(f) D(t) \mathrm{d}t = \int_{t_{\min}}^{t_{\max}} \frac{t^{1-\alpha}}{1 + (tf)^2} \mathrm{d}t$$

$$= \frac{1}{f^{1-\alpha} f} \int_{t_{\min}}^{t_{\max}} \frac{(tf)^{1-\alpha}}{1 + (tf)^2} \mathrm{d}(tf) \sim f^{-2+\alpha},$$

其中 $\mathcal{S}_t(f)$ 是特征时间为 t 的功率谱 (见式 (5.27)), f 是频率, $t_{\min}$、$t_{\max}$ 分别是特征时间的最小值和最大值. 根据图 6.4中 α 的取值可知, 二维沙堆模型的噪声功率谱为 $\mathcal{S}(f) \sim f^{-1.58}$, 三维沙堆模型的噪声功率谱为 $\mathcal{S}(f) \sim f^{-1.1}$, 指数在分形噪声功率谱指数范围内 (见式 (5.34)), 根据式 (5.35) 可知二者的分形维数分别为 1.71 和 1.95. 此外需要注意的是, 三维沙堆的功率谱指数 1.1 已经十分接近 1 了, 这为很多自然与社会现象中 $1/f$ 噪声的产生也提供了一种解释.

在空间方面,通过分析沙堆在雪崩后的几何特性(见图 6.5)可以看到,沙堆的轮廓和很多海岸线一样,都是分形的. 换句话说,空间分形可以被视为自组织临界动力过程中转瞬即逝的现象. 在现实生活中,地表变动的时间尺度要比人类生命的时间尺度大得多,因此地表看起来似乎是静止的,很多人不会意识到正生活在一个演化着的自组织临界动力过程中.

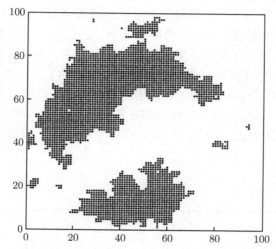

图 6.5　自组织临界状态下沙堆模型雪崩涉及的区域[77]

6.2 级联失效模型

6.2.1 模型背景

上述沙堆模型中沙堆倒塌影响邻居的问题与复杂网络中的级联失效(cascading failure)问题非常相似. 很多输送流量的网络(例如电网、互联网、交通网络等)中一个节点(或连边)的局部失效会使其原本的负载转移到其邻居节点上. 当这些额外负载比较小时,系统可以轻松地将其吸收掉. 但当失效节点转移给其邻居节点的额外负载过多时,其邻居节点也会随之失效,负载相应地转移给它们的邻居,级联失效就发生了.

级联失效的影响大小取决于最初失效节点或连边在网络中的地位及其容量. 例如,1996 年美国俄勒冈州一条承载 1300 MW 的电线碰到树枝后断裂,其承载的电流自动转移到电压稍低的另外两条输电线路上,后者由于承载电流容量不足也随之发生故障,由此引发级联失效,最终导致美国 11 个州和加拿大两个省的大规模停电. 当然,大部分停电的影响范围和规模都很小,例如家庭或小区中因电线损坏、电站故障等导致的停电. 一些国家的统计数据显示停电规模近似服从幂律分布, 幂指数在 1.6 和 2 之间[24], 这与沙堆模型中雪崩规模服从幂律分布是一致的 (尽管幂指数不同).

6.2.2 网络沙堆模型

由于沙堆雪崩与网络级联失效在机制上的相似性, 一些研究者就将沙堆模型应用到网络上, 建立网络沙堆模型来解释级联失效规模的幂律分布. Bonabeau 将沙堆模型应用到随机图上[78], 将每个节点 i 的临界值设为 $Z_c(i) = k_i - 1$, 其中 k_i 是节点 i 的度. 在模型运行前随机图中每个节点的粒子数设为 $Z(i) = 0$, 然后随机选择一个节点加一个粒子, 重复这个过程. 当某个节点 i 的粒子数 $Z(i)$ 超过 $Z_c(i)$ 时就会崩塌, 将它 k_i 个粒子分发给它的邻居 j, 即 $Z(i) \to Z(i) - k_i$ 和 $Z(j) \to Z(j) + 1$. 重复这一过程, 直到崩塌不再发生, 此时将崩塌过的节点数量计为网络此次级联失效的规模 s, 崩塌的时长为 t. 通过计算机重复模拟上述模型, 可以得到级联失效规模的分布为 $D(s) \propto s^{-2/3}$, 时长的分布为 $D(t) \propto t^{-2}$, 见图 6.6(a).

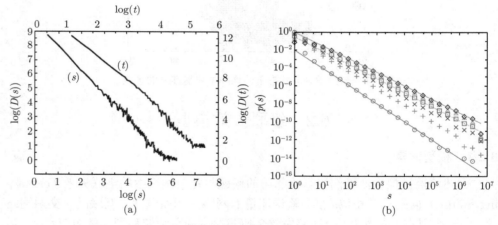

图 6.6   网络沙堆模型模拟结果

(a) 随机图沙堆模型[78]; (b) 无标度网络沙堆模型[79]

Goh 等将沙堆模型应用到了无标度网络上[79], 模型规则与随机图沙堆模型规则相同. 无标度网络由静态模型[80] 生成, 度分布 $P(k) \propto k^{-\gamma}$ 的幂指数 $\gamma > 2$. Goh 等认为每一次级联失效都是一次分支过程, 最先失效并引发级联失效的节点是树的根, 被引发后续失效的节点就是树的分支. 当网络平均度 $\langle k \rangle < 1$ 时, 平均每个分支只有不到一个后代, 因此树会很快结束 (见图 6.7(a)); 当 $\langle k \rangle > 1$ 时, 平均每个分支都有多于一个后代, 因此树会无穷生长, 这种情况下级联失效是全局性的 (见图 6.7(b)); 当 $\langle k \rangle = 1$ 时, 平均每个分支有一个后代, 因此有些树会

长到很大，有些树会很快结束（见图 6.7(c)），这种情况下级联失效规模服从幂律分布，其理论解为

$$p(s) \propto \begin{cases} s^{-\gamma/(\gamma-1)}, & 2 < \gamma < 3, \\ s^{-2/3}(\ln s)^{1/2}, & \gamma = 3, \\ s^{-2/3}, & \gamma > 3. \end{cases} \tag{6.6}$$

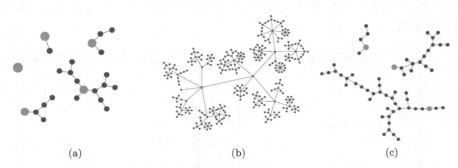

(a)   (b)   (c)

图 6.7   分支过程在不同平均度情况下产生的树[24]

大的圆点是树的根

图 6.6(b) 展示了分支过程的模拟结果，其中圆圈是在网络标度指数 $\gamma = 2.01$ 时的模拟结果，直线斜率为 -2；菱形是在网络标度指数 $\gamma = 5$ 时的模拟结果，直线斜率为 $-2/3$；中间部分的级联失效规模分布幂指数处于 1.5 和 2 之间. 这些结果很好地涵盖了 6.2.1小节中提到的停电规模分布的幂指数.

6.2.3 负载容量模型

上述网络沙堆模型研究的主要目的是解释网络级联失效规模的分布，并未关注级联失效对网络鲁棒性的影响. 4.4.1 小节介绍了网络中一部分节点（或边，下同）被攻击失效后网络的鲁棒性问题，但只考虑了攻击节点数量的影响，并未考虑节点级联失效问题. 而 Motter 和来颖诚最早开展了这方面的研究工作[81]，他们假设在每个时间步中都有一个单位的流量（信息、能量等）在网络的每对节点之间沿着最短路径传输，节点上的负载是通过该节点的最短路径总数（即介数），容量则是节点可以处理的最大负载. 由于在人工网络中容量会受到成本的限制，因此可以很自然地假设节点 j 的容量 C_j 与其初始负载 L_j 成正比，即

$$C_j = (1 + \alpha)L_j, \tag{6.7}$$

其中 $\alpha > 0$ 是模型参数.

当所有节点都正常时，网络上的流量不会受到影响；但当一个节点失效后，可能会改变最短路径的分布，一些节点上的负载就会变化. 一旦负载超过容量，相

应的节点也会失效，进一步导致新的负载变化而引发级联失效. 级联失效可能会在几步后停止，但也可能会使网络大部分节点失效. Motter 和来颖诚将上述负载容量模型应用到了无标度网络上，结果见图 6.8(a). 从中可以看到，无标度网络中一个节点随机故障后对网络的影响非常小，但对度最大的节点进行蓄意攻击后就会让网络大规模失效，节点容量越小，网络失效程度就越高. 对负载最大的节点进行蓄意攻击导致的网络失效程度更高，在图 6.8(b) 的美国西部电网中更是如此. 这些结果说明，对网络中高负载的节点进行防护对于提高网络鲁棒性具有重要的实际意义.

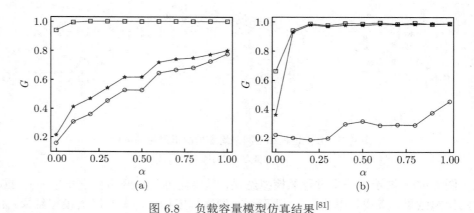

图 6.8　负载容量模型仿真结果[81]

(a) 是无标度网络（$\gamma = 3$，$\langle k \rangle \approx 2$），(b) 是美国西部电网. 图中横轴是模型参数 α，纵轴是网络级联失效后最大组分节点数与失效前最大组分节点数的比值 G，作为衡量网络鲁棒性的指标. 小方框是单个节点随机故障后的结果，小圆圈和星点分别是蓄意攻击负载最大和度最大节点后的结果

6.3　集群运动模型

6.3.1　模型背景

集群[①]运动（collective motion）是一种普遍存在的自然现象，从鸟群的集体飞翔、鱼群的结队巡游、蚂蚁的聚集觅食，到细菌、细胞的集体移动，以及人群行走、无人机群飞行，都是集群运动的典型代表. 在这些由大量主体[②]组成的群体中，主体与主体之间的交互都是局部的. 然而，正是这些局部的交互产生了复杂的集群行为，帮助它们节省移动能量、提高觅食效率或增强防御能力. 例如，数量庞大的鱼群为抗衡鲨鱼等凶猛的捕食者会集群形成巨大的漩涡保护模式，蚂蚁通过集体行为可以完成比单个蚂蚁重量多出数倍食物的搬运，相向人群在通过狭

---

① 在一些文献中也写作 group、crowd、swarm、flock、herd、school、aggregate 等，都有群的含义.
② Agent，也译作代理、智能体. 本小节介绍的集群运动模型也被称为多主体（multi-agent）模型.

窄过道时会自发形成两侧行走而避免冲撞和堵塞（见图 6.9）. 这些集群运动的普适特征是由简单的局部自组织互动涌现出复杂的全局协调一致性.

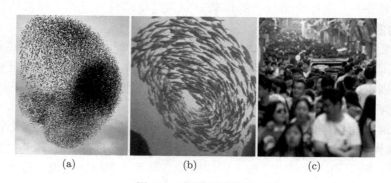

图 6.9　集群运动示例

(a) 鸟群；(b) 鱼群；(c) 人群

上述集群运动现象背后的形成机制吸引了生物、计算机、物理和系统科学等领域学者的大量研究, 试图理解生物群体在没有中央控制与全局信息的情形下如何自组织达到全局协调一致性. 在这方面已经提出了许多再现或解释模型, 其中比较著名的是 Boids① 模型和 Vicsek 模型, 下面将分别介绍这两种模型以及它们的一些扩展.

6.3.2　Boids 模型

Reynolds 在 1987 年提出了一个名为 Boids 的计算机仿真模型[82] 来模拟三维空间中鸟群的飞翔、羊群的迁移、鱼群的游动等. 该模型有三个基本规则（见图 6.10）.

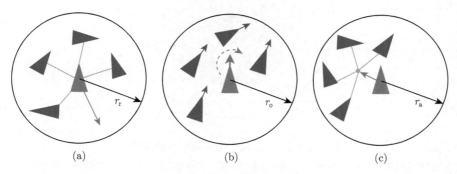

图 6.10　Boids 模型规则

(a) 分离；(b) 对齐；(c) 聚集. 其中三维球体中心的三角形表示要决定下一步如何移动的主体, 它的近邻是以该主体为中心、以给定参数 $r_r < r_o < r_a$ 为半径的球体范围内的其他主体

① Boid 一词是 bird-oid（含义为"类似鸟"）的缩写, 用来指代与鸟具有类似集群运动特征的其他生物.

(1) 分离——每个主体都会占据互不相交的一定空间，以避免与其近邻的主体发生碰撞（见图 6.10(a)）；

(2) 对齐——主体会将自己的移动方向和速度调整为近邻主体移动方向和速度的平均值（见图 6.10(b)）；

(3) 聚集——主体会尽量移动到近邻主体的中心位置，避免被孤立（见图 6.10(c)）. 上述规则确定了集群运动中主体之间的相互作用，每个主体只受到附近较少的几个近邻的影响，但这种影响可以遍及整个群体. 当很多主体聚集在一起时，群体就会产生各种复杂的运动模式.

Boids 模型被提出后在计算机图形学中获得了广泛的应用，很多影视、游戏中的大规模集群运动都是 Boids 及其改进模型模拟出的. 不过 Boids 模型关注的是模拟，缺乏相应的理论分析，因此后续有学者对 Boids 模型进行了进一步的理论扩展①，其中比较有代表性的是生物学家 Couzin 等建立的自组织集群运动模型[83]. 该模型对 Boids 模型进行了进一步的细化，将以主体为中心的球体区域从内向外分别命名为排斥区（zone of repulsion，ZOR）、定向区（zone of orientation，ZOO）和吸引区（zone of attraction，ZOA）. 这三个区域分别对应了 Boids 模型的三个规则，见图 6.10 和图 6.11.

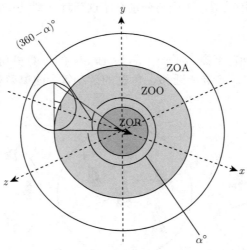

图 6.11　Couzin 模型中主体的三个区域[83]

圆球中心的黑色箭头表示主体. 圆球 ZOR 是主体的排斥区，ZOO 是定向区，ZOA 是吸引区. $(360 - \alpha)°$ 是感知盲区

---

① 实际上 Aoki 在 1982 年发表的论文[84]中就建立了与 Boids 模型规则几乎一致的模型，而且不仅有模型仿真结果还有理论分析结果. 不过该论文发表在了日本国内期刊上，受到的关注相对较少，远没有 Boids 模型的知名度高.

　　当 Couzin 模型开始运行时，如果一个主体的排斥区内有其他主体，则在下一步它会马上后退以避免与其他主体相撞（见图 6.10(a)）；否则它会同时考虑定向区和吸引区内的其他主体，下一步运动由定向区内主体平均方向的影响和受吸引区内较远主体的吸引这两个因素共同决定. 此外 Couzin 模型还加入了一些更符合实际的细节：首先考虑了主体的感知范围，忽略了主体感知盲区内其他主体的影响（见图 6.11）；其次考虑到主体通常不能在很短时间内转过一个特别大的角度，因此设置了每步转弯角度的最大阈值；此外还考虑了主体决策受到的随机影响，在转向角度上加入了随机噪声.

　　Couzin 模型在仿真前需要设置不同参数，其中最主要的两个参数是定向区宽度 Δr_o 和吸引区宽度 Δr_a. 此外还设置了群体极化 p_{group} 和群角动量 m_{group} 两个指标来体现系统全局特征，其中群体极化是所有主体移动方向对齐的程度，群角动量是所有主体围绕群中心的角动量之和. 图 6.12展示了 Couzin 模型的仿真

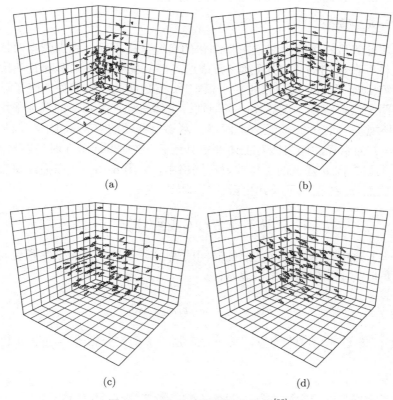

(a)　　　　　　　　　　　　　　　(b)

(c)　　　　　　　　　　　　　　　(d)

图 6.12　Couzin 模型仿真结果[83]

(a) 群聚；(b) 漩涡；(c) 动态同向；(d) 高度同向

结果：当 $\Delta r_{\circ}$ 很小时，主体会表现出吸引和排斥行为，但几乎没有平行定向行为，此时 p_{group} 和 m_{group} 都比较低，群体会呈现出类似鸟群的群聚状态，见图 6.12(a)；当 $\Delta r_{\circ}$ 相对较小而 Δr_{a} 相对较大时，主体会表现出较强的平行定向行为，此时 p_{group} 仍较低，但 m_{group} 比较高，群体会呈现出类似鱼群的漩涡保护状态，见图 6.12(b)；当 $\Delta r_{\circ}$ 很大时，无论 Δr_{a} 大小，主体都会表现出很强的平行定向行为，此时 p_{group} 很高，而 m_{group} 很低，群体会呈现出高度对齐排列的同向状态[1]，见图 6.12(d)；而当 $\Delta r_{\circ}$ 和 Δr_{a} 都居中时，主体的平行定向行为和角动量介于以上两种状态之间，群体会呈现出类似鱼群的正常游动状态——整体上指向一个方向，但部分主体角动量增加可能会引起群体的转向，见图 6.12(c).

从上述结果中可以看到，Couzin 模型通过改变定向区和吸引区的大小就可以很好地再现生物群体群聚、漩涡、同向等运动状态. 模型仿真出的各种集群运动现象在实际生物运动中也得到了很好地印证，这说明 Couzin 模型在解释这些集群运动现象的形成机制方面做出了重要的贡献.

6.3.3　Vicsek 模型

与前述计算机和生物学家追求精细化的研究风格不同，物理学家对待集群运动现象往往存在极简的研究思路[2]，希望通过建立简单模型来解释复杂现象的核心根源. Vicsek[3]等建立的自推进粒子模型[85] 便是如此，该模型忽略了近防撞和远吸引这两个次要规则，仅抓住一条规则：主体按噪声影响下的近邻平均方向运动. 运动环境是一个 $L \times L$ 正方形网格，网格上移动的点表示主体. 以某主体为中心、$r = 1$ 为半径的圆内所有主体都是其近邻. 在时间 $t = 0$ 时，随机将 N 个速度 v 相同但方向 θ 随机的主体放置在网格中，见图 6.13(a). 在后续每个时间步主体 i 的位点 x_i 根据以下公式更新：

$$\boldsymbol{x}_i(t + 1) = \boldsymbol{x}_i(t) + \boldsymbol{v}_i(t)\Delta t, \tag{6.8}$$

其中 $\Delta t = 1$ 是主体两次移动之间的时间间隔，$\boldsymbol{v}_i$ 是速度向量，它所包含的角度 θ 由近邻角度的平均值加噪声来表示：

$$\theta(t + 1) = \langle \theta(t) \rangle_r + \Delta \theta, \tag{6.9}$$

其中 $\langle \theta(t) \rangle_r$ 是近邻角度平均值，噪声 $\Delta \theta$ 是一个均匀分布于 $[-\eta/2, \eta/2]$ 中的随机数.

---

[1] 如果主体数量较少，会排成一条线，一些鸟类（例如大雁）会呈现出这样的飞行状态.

[2] 事实上在很多学科领域的建模中都具有类似的研究思路，这常被称为"奥卡姆剃刀"（Occam's razor）原理：若无必要，勿增实体. 而在中国成语中则被称为"以简御繁".

[3] 统计物理与复杂系统领域的著名学者，匈牙利科学院院士. 5.2.1小节的 Vicsek 分形也是他提出的.

图 6.13(b) ～ (d) 是 Vicsek 模型在密度 $\rho = N/L^2$ 和噪声 η 不同取值下的仿真结果, 其中主体数量 $N = 300$、速度 $v = 0.03$ 是两个固定值. 从图中可以看到, 当密度和噪声较低时, 主体趋向于形成多个随机方向运动的集群; 当密度和噪声较高时, 主体随机运动, 但方向有一定的相关性; 而当密度较高、噪声较低时, 主体运动则变得有序.

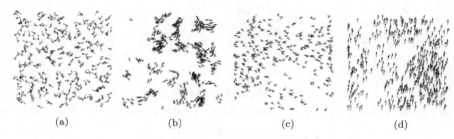

图 6.13　Vicsek 模型仿真结果[85]

(a) 初始状态; (b) 低密度低噪声 ($L = 25$, $\eta = 0.1$): 集聚多群; (c) 高密度高噪声 ($L = 7$, $\eta = 2.0$): 方向相关; (d) 高密度低噪声 ($L = 5$, $\eta = 0.1$): 有序运动. 箭头表示主体, 箭头后部线条是到达箭头之前的 20 步移动轨迹

从上述模型仿真结果中可以看到, 密度 ρ 和噪声 η 两个参数的变化会使系统呈现有序或无序的状态. Vicsek 等用归一化的主体平均速度

$$v_{\mathrm{a}} = \frac{1}{Nv} \sum_{i=1}^{N} \boldsymbol{v}_i \tag{6.10}$$

作为序参量来刻画系统的有序无序状态. 图 6.14(a) 展示了当密度 $\rho = 4$ 时噪声 η 变化对平均速度 v_{a} 的影响: 噪声 $\eta = 0$ 时 $v_{\mathrm{a}} = 1$, 意味着主体的方向完全一致, 整体有序; 噪声 $\eta \gtrsim 3$ 后 $v_{\mathrm{a}} \to 0$, 意味着主体的方向完全随机, 整体无序. 这与 4.2 节中的铁磁相变和伊辛模型都非常相似——温度 $T = 0$ 时系统完全有序, 温度 $T > T_{\mathrm{c}}$ 临界点后系统完全无序. 这说明 Vicsek 模型也具有连续相变特征. 在密度变化方面也类似, 当噪声 $\eta = 2$ 时, 密度 ρ 增大会使系统变得更有序, 见图 6.14(b).

Vicsek 模型在噪声和密度临界点附近也同样存在临界现象, 即

$$v_{\mathrm{a}} \propto [\eta_{\mathrm{c}}(L) - \eta]^{\beta} \tag{6.11}$$

和

$$v_{\mathrm{a}} \propto [\rho - \rho_{\mathrm{c}}(L)]^{\delta}, \tag{6.12}$$

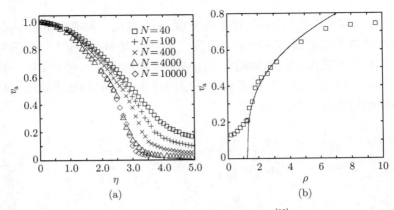

图 6.14　Vicsek 模型连续相变[85]

(a) 密度 $\rho = 4$ 固定，不同噪声 η 取值下平均速度 v_a 的变化；(b) 噪声 $\eta = 2$ 固定，不同密度 ρ 取值下平均速度 v_a 的变化

其中 η_c 是噪声临界点，ρ_c 是密度临界点，β 和 δ 是临界指数. 当密度固定、噪声 η 从低噪声一侧接近噪声临界点 η_c 时，序参量 v_a 与 $\eta_c(L) - \eta$ 具有近似幂律关系，临界指数 $\beta \approx 0.45$，见图 6.15(a). 类似地，当噪声固定、密度 ρ 从高密度一侧接近密度临界点 ρ_c 时，序参量 v_a 与 $\eta_c(L) - \eta$ 也具有近似幂律关系，临界指数 $\delta \approx 0.35$，见图 6.15(b).

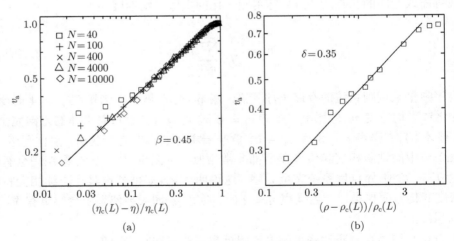

图 6.15　Vicsek 模型临界现象[85]

(a) 密度 $\rho = 0.4$ 固定，噪声 η 从低噪声一侧接近噪声临界点 η_c 时平均速度 v_a 的变化；(b) 噪声 $\eta = 2$ 和边长 $L = 20$ 固定，密度 ρ 从高密度一侧接近密度临界点 ρ_c 时平均速度 v_a 的变化

Vicsek 模型用简单的规则就可以再现和解释许多生物集群运动的统计特征，开创了用序参量、相变、临界指数等统计物理概念来定量描述和分析集群运动现

象的先河. 但 Vicsek 模型仍存在一些问题, 例如该模型假设主体只与在一定半径圆内的主体发生交互 (Boids 和 Couzin 模型也是如此), 但实际上并不都是这样. Ballerini 等[86] 对椋鸟群 (starlings) 的运动进行了长期的拍摄①, 重建出由数千只椋鸟组成的空中鸟群运动三维轨迹, 发现椋鸟之间的交互并不像大多数集群运动模型所假设的取决于空间距离, 而是取决于拓扑距离——每只椋鸟平均与固定数量的邻居 (6 ~ 7 个) 交互, 而不是与固定空间距离内的所有邻居交互. 甚至 Vicsek 等还对自己的模型提出过挑战[87]——他们发现鸽子在飞行的时候存在一种 "领导–被领导" 的层次网络结构, 这可能是形成高效集群的原因. 而张海涛等[88] 则发现鸽子在飞行中实际上混合了 "听领导" 和 "看群众" 这两种策略——飞行轨迹平滑时会尽力与近邻平均方向一致, 而急转弯变向时则迅速和领导保持一致. 总之, 研究者们在探索集群运动方面开展了很多实证与建模工作, 不仅让人们对生物集群行为有了更深入的理解, 对机器人群、无人机群等自组织系统的设计也提供了重要启发[89].

6.4 应 用 示 例

6.4.1 交通流自组织临界性

自组织临界性在交通系统中也广泛存在. 早在 20 世纪 70 年代, Musha 和 Higuchi 就发现在日本一段高速公路的交通流中存在 $1/f$ 噪声[90], 暗示着交通流背后存在自组织临界性. 为解释这一现象, Nagel 和 Paczuski 建立了一个非常简单的单车道交通流模型[91]. 他们假设车辆的最大速度由它前面的车辆所限制, 与前车的距离由刹车能力所限制. 简单起见, 将车辆行驶速度设定为 0、1、2、3、4、5, 这些速度定义了每辆车在下个时间段会移动多少个 "车辆长度" 的距离. 如果车辆开得太快, 它必须减速以避免碰撞. 一有机会, 被迫减速的车辆就会再加速, 加速能力要比刹车能力差, 即从 0 加速到 5 比从 5 减速到 0 要花费更多时间. 由于车辆机械性能、路面颠簸程度等因素, 车辆行驶也会受到随机扰动而降低速度.

图 6.16(a) 展示了单车道交通流模型的模拟结果, 其中交通拥堵在图中显示为黑色的区域②. 这些拥堵区域中车辆之间的距离很近, 而且车辆速度很低, 车辆只能缓慢行驶, 拥堵区域是逐渐向后移动的. 这些交通拥堵的涌现完全是自组织的, 下游一辆车从 5 到 4 的一个小的随机减速就可能引起大的交通拥堵. 这些结果与实际中观测到的现象非常类似, 见图 6.16(b). 通过对该模型进行多次模拟, 发现拥堵时长 t 服从幂指数为 3/2 的幂律分布 (见图 6.17(a)), 而且临界状态功

---

① 这一工作受到名为 "椋鸟飞行" (STARFLAG) 的欧洲研究项目资助, 项目成员中包括 2021 年诺贝尔物理学奖获得者 Parisi, 他也是《随椋鸟飞行: 复杂系统的奇境》[26] 一书的作者.

② 拥堵区域中用黑点表示的车辆行驶位置之间距离非常近, 因此这些区域看上去就更黑.

率谱（见图 6.17(b)）与 $1/f$ 噪声的功率谱也很接近. 这些结果与沙堆模型中的雪崩时长幂律分布和噪声功率谱是非常相似的（尽管指数不同，见 6.1 节），这进一步验证了交通流具有自组织临界性.

| (a) | (b) |

图 6.16　　模型模拟出的交通拥堵 (a)[91] 和德国某段高速公路上的交通拥堵 (b)[13]

车辆从左向右行驶，时间由上向下推移. (a) 中黑点表示车辆移动位置，黑点之间距离等价于车辆速度；(b) 中每条线代表一辆车的时空移动轨迹

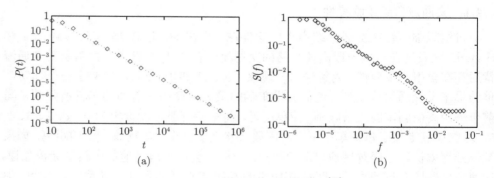

| (a) | (b) |

图 6.17　　单车道交通流模型结果[91]

(a) 拥堵时长分布 $P(t)$，点线斜率为 $-3/2$；(b) 功率谱 $S(f)$ 与频率 f 的关系，点线斜率为 -1

交通流能自组织达到临界态说明这种状态是实际中可以实现的最有效状态：如果车辆密度较低，高速公路未得到充分利用；如果车辆密度很高，将不可避免地出现巨大的拥堵，降低效率. 而在自组织临界态中所有车辆都会有较高的行驶速度，是效率最高的，但临界态并不稳固，稍受干扰就会发生各种规模的交通拥堵. 这些结果说明大的交通拥堵并不都是交通事故这样的灾难性事件引发的，而是产生于与小的交通拥堵相同的动力学机制，这违反了很多人认为大事件都来自大干扰的直觉. Bak 对此给出了最后的结论[13]：具有各种波动的自组织临界态可能不是最好的状态，但它是动力学上能获得的最有效状态，但不幸的是它并不稳

固——所有的车辆还来不及组织，这个非常有效的态就已经崩塌了.

上述实证和模型研究都是针对一小段高速公路开展的，张丽淼等[92] 则对北京、深圳两个城市的道路网络拥堵和京沈高速公路上的交通拥堵开展了研究. 他们发现拥堵团簇的规模和拥堵团簇的恢复时长都服从幂律分布，见图 6.18. 其中北京、深圳两城市拥堵团簇规模分布的幂指数非常接近，都在 2.3 左右，拥堵恢

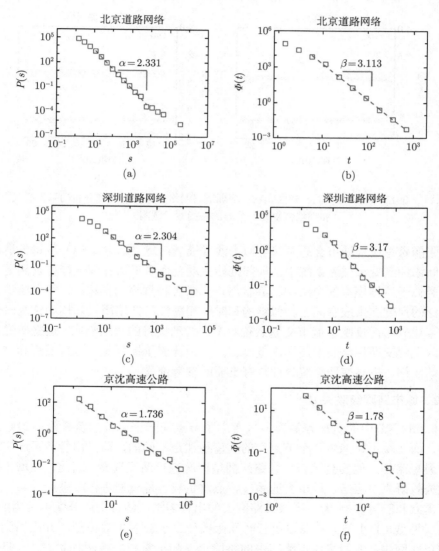

图 6.18　北京、深圳道路网络和京沈高速公路的拥堵团簇规模分布与拥堵恢复时长分布[92]

北京、深圳两城市的数据取自 2015 年 10 月 26 日，京沈高速公路数据取自 2015 年 10 月 1 日

复时长分布的幂指数也非常接近，都在 3.1 左右，见图 6.19. 而京沈高速公路上
拥堵团簇规模分布的幂指数为 1.736，拥堵恢复时长分布的幂指数为 1.78，比两个
城市路网的对应幂指数小很多，说明高速公路相对城市路网的拥堵团簇更大、恢
复时间更长. 这是由于在一条拥堵高速公路中缺乏可替代的行驶路径，而在城市
路网中则有更多备选路径可供选择.

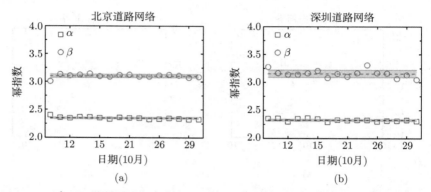

图 6.19　2015 年 10 月不同日期内北京、深圳道路网络拥堵团簇规模分布的幂指数（方框）
和拥堵恢复时长分布的幂指数（圆圈）[92]

　　张丽淼等认为城市交通系统类似于沙堆模型："沙粒"（车辆）从每天清晨开
始不断添加到城市交通系统中，局部拥堵扰动会像多米诺骨牌一样蔓延到更多路
段，类似于沙堆模型的自组织临界状态，形成各种规模的拥堵. 这种自组织行为
在广泛的尺度上生成空间自相似结构和时间相关性，拥堵团簇规模和恢复时长都
遵循幂律分布，反映了城市交通系统对不同扰动场景的普遍响应. 这些研究有助
于深入理解交通拥堵的发展和恢复过程，对设计流量控制等方法来减缓和缩小时
空拥堵团簇、提高交通系统弹性具有重要的参考价值.

6.4.2　城市路网级联失效

　　6.2.3 小节中的负载容量模型只考虑了节点间一个单位的流量沿着最短路径
传输，而在城市路网中两个节点间的流量往往是不同的，而且出行者不一定都会
选择最短路径，他们会综合考虑路网拥堵情况进行路径选择. 因此，在城市路网
级联失效研究中应结合城市交通系统特点对负载容量模型进行改进.
　　雷立和巴可伟[93] 考虑了城市路网上的出行需求，结合交通分配中常用的 UE
模型（见 3.3.1 小节）和路段出行时间函数建立了级联失效模型，并应用到实际
的城市路网中. 他们将城市路网中的路段定义为正常和失效两种状态. 一旦路段
处于失效状态，之前打算选择该路段的出行者将选择其他替代路径，但这样也可
能会使其他路段失效，进而引发更多级联失效. 随着越来越多的路段失效，如果

某一对节点间不存在可行路径，则将这对节点间的出行需求丢弃. 为模拟上述过程，模型需要进行不断迭代，直到失效路段不再增加为止. 每次迭代过程中采用 UE 模型将所有出行需求量分配到路网中，路段的出行时间用下式[①]表示：

$$
t_k^n = \begin{cases} t_{k0}[1 + a(x_k^{n-1}/C_k)^b], & x_k^{n-1} \leqslant \beta C_k, \\ \infty, & x_k^{n-1} > \beta C_k, \end{cases} \tag{6.13}
$$

其中 t_k^n 是第 n 次迭代中路段 k 的出行时间, t_{k0} 是路段 k 的最短出行时间, x_k^{n-1} 是第 $n-1$ 次迭代中路段 k 的流量, C_k 是路段 k 的设计通行能力, β 是路段通行能力的备用系数（与式 (6.7) 中的 $1 + \alpha$ 类似), βC_k 是路段 k 的可能通行能力, a 和 b 是两个参数，这里取值分别为 0.15 和 4. 当流量不超过可能通行能力时，说明该路段处于正常状态，可采用路段出行时间函数计算出行时间，反之则说明该路段已经失效，其出行时间为无穷大.

雷立和巴可伟用三个指标来衡量路网级联失效后的性能. 首先是用路段失效比例衡量路网结构受损程度，定义为

$$
\eta = \frac{M'}{M}, \tag{6.14}
$$

其中 M 是路网中路段的总数, M' 是失效的路段数.

其次是用路网效率变化率衡量路网级联失效后的有效性. 路网效率定义为

$$
E = \frac{\sum\limits_{k=1}^{M} e_k}{N(N-1)} = \frac{\sum\limits_{k=1}^{M} 1/t_k}{N(N-1)}, \tag{6.15}
$$

其中 N 是路网中节点的数量, $e_k = 1/t_k$ 是路段 k 的效率，即出行时间越短，路段效率越高. 失效的路段效率为零. 路网效率变化率定义为

$$
\theta = \frac{E - E'}{E}, \tag{6.16}
$$

其中 E' 是级联失效后的路网效率.

最后将上述两个指标取均值作为衡量路网脆弱强度的指标：

$$
V = \frac{\eta + \theta}{2}. \tag{6.17}
$$

雷立和巴可伟将上述模型应用到某城市包含 196 个交叉口和 303 条路段的子路网中，选取了介数最高的前 5% 路段作为蓄意攻击目标，得到的结果见图 6.20. 从中可以看到，随着路段通行能力备用系数 β 的增加，路网脆弱强度整体上会降低. 其中 β 在 1.3 到 1.35 之间和 1.5 到 1.55 之间时，路网脆弱强度有突变的现象，

---

① 这是美国联邦公路局（bureau of public road，BPR）建立的路段阻抗函数，简称 BPR 阻抗函数.

暗示着路段通行能力存在一些临界值，超出这些临界值路网会发生更大范围的级联失效. 而当 β 在其他值域变化时，路网脆弱强度变化不明显. 尤其是 $\beta > 1.55$ 后，脆弱强度不再随 β 变化. 这也说明在实际的城市交通规划与管理工作中，提升路网整体通行能力时应综合考虑效益和成本.

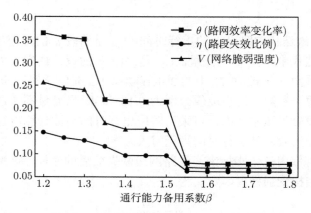

图 6.20　城市路网级联失效模型结果[93]

6.4.3　集群运动启发交通网络规划

在自然界中，除了海洋和空中生物形成的群聚、漩涡、同向等集群运动模式外，还有一类重要的集群运动模式是陆地生物构建的高效低成本输运①网络. 其中著名的例子是蚁群觅食——蚂蚁从巢穴出发随机游走，找到食物后会搬回巢穴，在此过程中会沿途留下信息素. 它们的往返路径一开始可能会杂乱无章，但由于信息素会随时间逐渐挥发，越短的路径上信息素浓度就会相对越高，后续就会有更多的蚂蚁被高浓度信息素吸引而逐步形成最优的觅食路径及网络②. 不只是蚂蚁，还有很多生物也会自组织形成高效低成本的输运网络③. 在这方面 Tero 等[94] 开展了一个非常有趣的实验——用一种名为多头绒泡菌（physarum polycephalum）的黏菌来设计东京都市区的铁路网络. 他们在图 6.21(a) 所示的平板上按东京市中心位置放置了一个黏菌，在东京都市区其他城市的位置放置了食物. 黏菌最初以相对连续的觅食边缘向外进行探索，在发现新的食物点后，探索边缘以内的部分空间就会被逐渐舍弃，只在一些食物点之间形成管状连线并逐步构成食物输运网络，见图 6.21(b).

---

① Transportation，物理、生物等领域译为"输运"，交通领域译为"运输"或"交通".
② 受此启发构建的蚁群算法已在很多领域获得了应用.
③ 也包括人. 鲁迅曾在《故乡》一文中写道"地上本没有路，走的人多了，也便成了路". Helbing 等则对绿地中行人自组织形成的小路开展了实证和建模研究[95]，验证了这一点.

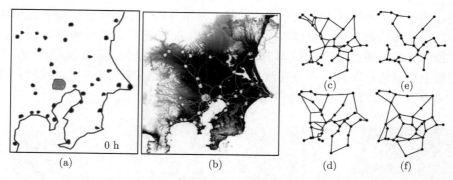

图 6.21   黏菌生成的网络与其他网络的对比[94]

(a) 实验场地是宽度为 17 cm 的东京都市区地图, 黑色线条是海岸线. 在东京市中心位置放置一个黏菌, 在东京都市区其他主要城市放置食物（黑点）. 实验过程中通过对地图中的海洋、湖泊、山脉区域进行照明, 对黏菌探索范围施加地理限制. (b) 实验开始 26 h 后黏菌生成的网络（图中白线）. (c) 黏菌生成网络的拓扑结构. (d) 东京都市区铁路网络的拓扑结构. (e) 连接各城市的最小生成树. (f) 向最小生成树逐步添加连边以构成 Delaunay 图

　　Tero 等通过多次实验发现, 黏菌生成的网络与东京都市区铁路网络在拓扑结构上非常相似, 见图 6.21(c)、(d). 此外还在各城市之间构建了最小生成树（minimum spanning tree, MST）来表示连接所有城市的最小网络, 见图 6.21(e), 再逐步加边扩展为 Delaunay 图来表示连接所有城市的最大网络, 见图 6.21(f). 他们用表示输运成本的网络连边总长度、表示输运效率的城市间平均最短距离以及随机删除连边后网络的鲁棒性（见 4.4.1 小节）这三个指标来对比这些网络的性能. 结果表明, 东京铁路网的成本是 MST 成本的 1.8 倍, 而黏菌网络的成本则为 MST 成本的 (1.75±0.30) 倍, 说明黏菌网络与实际网络的成本非常接近. 东京铁路网和黏菌网络的输运效率也相似, 分别是 MST 效率的 0.85 和 (0.85±0.04) 倍. 在鲁棒性方面, 4% 的随机故障就会使东京铁路网分割成多个部分, 黏菌网络稍好一些, 14 ± 4% 的随机故障才会使其分割. 尽管东京铁路网和黏菌网络的鲁棒性都低于 Delaunay 图的鲁棒性, 但构造 Delaunay 图明显需要更高的成本（是 MST 成本的 4.6 倍）.

　　总体而言, 黏菌网络在成本、效率和鲁棒性方面表现出与铁路网络相似的特征. 但铁路网络是人为规划建设的, 而黏菌网络是在没有集中控制或明确全局信息的情况下, 通过选择性强化最优路径和消除冗余连接而自发形成的. 这与前述蚁群及人群自组织形成最优输运网络的过程非常相似, 进一步印证了集群运动的普适特征——个体交互自组织产生集群行为, 以节省输运成本、提高觅食效率及增强防御能力, 达到成本、效率和鲁棒性的适度平衡.

　　为进一步解释黏菌网络的形成机制, Tero 等建立了一个自适应网络构建模型. 在初始状态时将东京都市区陆地空间用直径相同的管道组成的精细随机网格填充，其中东京主城区占据七个网格，其他城市各占一个网格（见图 6.22 中的黑点）. 在后续的每步仿真中从东京主城区输出 I_0 的流量到其他城市，每个管道的直径与管道中通过的流量 Q 具有反馈关系——高流速会刺激管直径增加，而低流速则会使管直径下降，在没有流量的情况下管道将逐渐消失. 这种反馈程度由 $1 - 1/(Q^\gamma + 1)$ 决定，其中 $\gamma > 0$ 是一个参数.

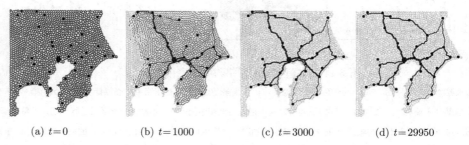

(a) $t=0$ (b) $t=1000$ (c) $t=3000$ (d) $t=29950$

图 6.22   模型在不同仿真时刻生成的网络[94]

参数 $I_0 = 2.0$, $\gamma = 1.8$

图 6.22 展示了参数 $I_0 = 2.0$、$\gamma = 1.8$ 时的模型仿真过程，从中可以看到，随着时间的推移，多数管道都会逐渐变细直至消失，而少数管道则会逐渐变粗最终产生稳定、自组织的输运网络. 通过调整参数取值还可以改变网络的成本、效率与鲁棒性. 例如，通过增加流量 I_0 或降低反馈强度参数 γ 可以产生更多替代路径，提高网络效率和鲁棒性，反之则会形成更接近 MST 的低成本网络. 模型在特定参数组合 $I_0 = 0.2$、$\gamma = 1.15$ 下生成的网络与东京铁路网具有非常相似的拓扑结构和指标. 将两个参数提高到 $I_0 = 2.0$、$\gamma = 1.8$ 时，模型还可以生成与东京铁路网输运效率相同但鲁棒性更高的网络（见图 6.22（d）). 这些结果说明，受集群运动启发的数学模型可以捕捉网络自适应构建的动力学，并能生成比实际基础设施网络更好的解决方案，这为交通网络规划与设计提供了新的思路.

习   题

1. 编程：模拟图 6.3(a) 和图 6.4(a) 中的二维沙堆模型，并绘制雪崩规模和时长分布图.

2. 编程：编写 Couzin 模型或 Vicsek 模型.

3. 思考：自然和社会系统中还有哪些自组织现象？它们的形成机制是什么？

4. 扩展：阅读书籍《边缘奇迹：相变与临界现象》[8] 以及《预知社会：群体行为的内在法则》[16].

第 7 章 幂律分布

回顾第 1 章介绍的群体出行距离分布、第 4 章介绍的临界指数和无标度网络度分布、第 5 章介绍的分形维数、第 6 章介绍的雪崩规模分布和雪崩时长分布，它们都可以表示为幂函数 $x \propto y^z$，其中指数 z 或正或负. 这些具有标度关系的现象往往被认为服从标度律①. 除了第 1、4、5、6 章介绍的上述现象，在自然和社会系统中还有很多现象服从标度律，其中重要的两类是幂律分布和异速生长（allometry）. 本章将首先介绍幂律分布的不同表现形式，然后再介绍一些解释各种幂律分布现象的模型，最后在应用示例中介绍城市出行中的幂律分布并给出相应的解释模型. 异速生长将在第 8 章介绍.

7.1 幂律分布的表现形式

7.1.1 Pareto 分布

Pareto 在 19 世纪末就注意到 20% 的人口掌握了意大利约 80% 的土地[96]，这也被称为"二八定律"或"80/20 法则"，即少数人占有了多数资源. 在调查了一些国家有关收入分配的社会统计数据后，他也发现了类似的规律——财富分布都可以用一个幂函数来表示：

$$P(K \geqslant k) \propto k^{-\alpha}, \tag{7.1}$$

其中 $P(K \geqslant k)$ 是收入大于等于 k 的人口的比例，α 是幂指数. 这被称为 Pareto 分布.

7.1.2 Zipf 定律

把 Pareto 分布函数中的人口比例 $P(K \geqslant k)$ 乘以人口总数，就可以得到收入大于等于 k 的人口数量 r，那么收入排序第 r 高的人的收入就是 k，或写为 $f(r)$，此时式 (7.1) 就可以改写为

$$f(r) \propto r^{-\beta}, \tag{7.2}$$

其中幂指数 $\beta = 1/\alpha$. 这就是 Zipf 定律，它是 Zipf 在分析英语文章中单词的使用频次 f 和词频排序 r 的关系时发现的[18]，其中 $\beta \approx 1$. Zipf 还在个体收入、公司资产、城市人口等数据中发现了类似的规律，与 Pareto 发现的规律如出一辙.

---

① Scaling law，也译作规模法则[27].

7.1.3 幂律分布

Pareto 分布是一个累积分布函数，对它求导就可以得到

$$P(k) \propto k^{-\gamma}, \tag{7.3}$$

其中幂指数

$$\gamma = \alpha + 1 = \frac{1}{\beta} + 1, \tag{7.4}$$

这就是研究复杂系统时常用的幂律分布函数.

尽管 Pareto 分布、Zipf 定律和幂律分布的数学形式不同，但从统计角度来看三者是没有区别的，它们都是相同数据的不同展示方法，见图 7.1.

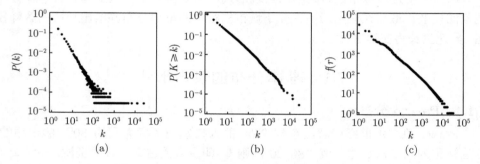

图 7.1   《平凡的世界》一书中的词频统计结果

(a) 幂律分布；(b) Pareto 分布；(c) Zipf 词频排序. 排序前十位的词：的、了、他、在、她、是、就、也、和、这. 排序后五位的词：回响、向东走、包着、飘着、飞奔而来

7.2   幂律分布的解释模型

尽管在自然和社会系统中有很多现象都服从幂律分布，但这些现象形成的机制并不一定相同. 第 6 章已经介绍了用自组织临界模型解释地震、停电、交通拥堵等现象中的规模和时长幂律分布，但对于单词频次、个体收入、城市人口等幂律分布现象用自组织临界模型还不能合理解释①. 下面将介绍解释幂律分布的一些其他模型.

7.2.1 Simon 模型

Simon 建立了一个演化模型来解释单词频次、论文数量、城市人口、个体收入、生物属种为何服从幂律分布[97]. 以单词频次分布问题为背景，Simon 模型的

_____

① 尽管 Bak 认为城市规模的幂律分布也是由于人口自组织流动到临界态而造成的"雪崩"形成的[13].

规则是[98]：考虑一本正在写的书，里面已经有了 N 个词，在写第 $N+1$ 个词的时候，使用新词的概率是 p，使用书中已有旧词的概率为 $1-p$，具体使用哪一个旧词与该旧词在当前书中出现的次数 k 成正比，即以概率 $(1-p)k/N$ 随机选择一个旧词. 在上述规则下，词频分布的演化过程可以写为

$$
\begin{aligned}
\frac{\mathrm{d}M_1}{\mathrm{d}N} &= p - (1-p)\frac{M_1}{N}, \\
\frac{\mathrm{d}M_k}{\mathrm{d}N} &= (1-p)\frac{(k-1)M_{k-1} - kM_k}{N},
\end{aligned}
\tag{7.5}
$$

其中 M_k 是出现次数为 k 的单词数量.

当演化过程很长、单词分布已达到稳定状态时，可以将上式写为

$$
\begin{aligned}
\frac{M_1}{N} &= p - (1-p)\frac{M_1}{N}, \\
\frac{M_k}{N} &= (1-p)\frac{(k-1)M_{k-1} - kM_k}{N}.
\end{aligned}
\tag{7.6}
$$

出现次数为 k 的单词在不同单词总数 $M = pN$ 中所占的比例为

$$
P(k) = \frac{M_k}{M} = \frac{M_k}{pN}.
\tag{7.7}
$$

将上式代入式 (7.6) 可得

$$
\begin{aligned}
P(1) &= \frac{1}{2-p} = \frac{\rho}{\rho+1}, \\
\frac{P(k)}{P(k-1)} &= \frac{k-1}{k+1/(1-p)} = \frac{k-1}{k+\rho},
\end{aligned}
\tag{7.8}
$$

其中 $\rho = 1/(1-p)$.

求解上式可得

$$
P(k) = \frac{(k-1)!(1+\rho)!}{(2-p)(k+\rho)!} = \frac{\rho\rho!(k-1)!}{(k+\rho)!}.
\tag{7.9}
$$

当 k 很大时，上式可以近似为

$$
P(k) \approx \frac{\rho\rho!}{k^{1+\rho}} \propto k^{-\gamma},
\tag{7.10}
$$

其中 $\gamma = 1 + \rho = 1 + 1/(1-p)$，是一个大于 1 的幂指数. 再根据式 (7.2) 和式 (7.4) 就可以得到词频与排序的关系

$$
f(r) \propto r^{-(1-p)},
\tag{7.11}
$$

服从 Zipf 定律.

　　Simon 模型的演化过程体现了一种"富者愈富"的机制:越富有的人就越可能有更多的收入、发表论文越多的学者就越可能发表更多的论文、人口越多的城市就越可能出生吸引更多的人口、物种越多的生物属就越可能繁衍出更多的物种①⋯⋯ 包括 4.4.1 小节中提到的 BA 无标度网络,其背后机制也是"富者愈富":度越大的节点就越可能吸引更多新节点的连接. 因此,BA 模型可以看作是 Simon 模型的特例——网络中产生新点和连接旧点的概率均为 0.5,因此 BA 网络的节点度分布指数 $\gamma = 1 + 1/0.5 = 3$.

7.2.2　猴子打字模型

　　尽管 Simon 模型可以解释很多幂律分布,但对词频分布的解释还很牵强,因为真实写作过程中的词频并不是"演化"出来的. 这可以在图 7.2(a) 中体现——把《阿 Q 正传》一书按词数从中间一分为二,这两部分中新词数 M 随总词数 N 的增长曲线几乎相同;但把 Simon 模型模拟出的《阿 Q 正传》一分为二,前半部分增加的新词数量就比实际数据少很多,而后半部分增加的新词数量却比实际数据多很多(见图 7.2(a) 的右上角). 这说明真实书籍的写作过程与 Simon 模型的演化过程是完全不同的.

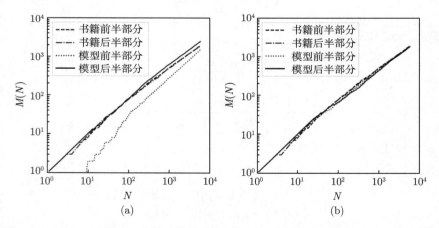

图 7.2　《阿 Q 正传》一书前后两部分的新词增长曲线与模型模拟的新词增长曲线

(a) Simon 模型,参数取值 $p = 0.26$;(b) 猴子打字模型,参数取值 $p = 0.536, m = 26$. 两模型生成的总词数 N 和单词数 M 与《阿 Q 正传》中的一致

　　那如何刻画真实的写作过程呢?Miller 提出了一个非常有趣的猴子打字模型[99]:猴子在有空格和 m 个字母的键盘上打字,每次打字时以 p 的概率输入

---

　　① 这与姓氏服从幂律分布的机制是一样的——只需把"属"改成"姓",把"物种"改成"人数".

空格, 以 $q = (1 - p)/m$ 的概率输入一个字母, 被空格分隔的一组字母就是一个单词. 长度为 n 个字母的单词在文章中出现的频次就是

$$k \propto q^n = \mathrm{e}^{n \ln q}. \tag{7.12}$$

长度为 n 的不同单词的数量为

$$m^n = \mathrm{e}^{n \ln m}, \tag{7.13}$$

也就是不同长度单词数量的分布为

$$P(n) \propto \mathrm{e}^{n \ln m}. \tag{7.14}$$

将式 (7.12) 代入式 (7.14) 并对 k 求导, 就可以得到词频的幂律分布

$$P(k) \propto k^{-1+\ln m/\ln q}. \tag{7.15}$$

用猴子打字模型模拟《阿 Q 正传》一书, 得到的模拟书籍前后两部分的新词数随总词数的增长曲线与真实数据中的几乎完全贴合, 见图 7.2(b)[①]. 这至少说明了即使是随机打字过程也比 "富者愈富" 演化过程更接近人的书写行为, 尽管猴子打字模型并未揭示词频分布背后的机制.

7.2.3 听说模型

实际上, 人类的语言是从更长的时间尺度上演化而来的. Zipf 在他的《最省力原则: 人类行为生态学导论》一书[19] 中就认为, 语言是在听说两方均考虑自身成本的前提下演化出来的最优结果: 听者希望每个意义都用一个专用的词来表达, 这样分辨话语含义的成本就最低; 说者则希望能把所有意义都统一在一个词里, 这样说话的成本就最低[②]. 二者相互作用, 最终会符合最省力原则. 不过 Zipf 并未从理论上为最省力原则建模, Cancho 和 Solé 则建立了一个听说模型[101] 来解释最省力原则. 他们首先定义了两个集合 $\mathcal{S} = \{a_1, \cdots, a_i, \cdots, a_n\}$ 和 $\mathcal{R} = \{b_1, \cdots, b_j, \cdots, b_m\}$, 分别表示 n 个单词和 m 个含义. 然后构建了一个单词与含义之间的矩阵 $\mathbf{\Phi} = \{\phi_{ij}\}$, 如果单词 i 具有含义 j, 则 $\phi_{ij} = 1$, 否则 $\phi_{ij} = 0$. 接着用信息熵来表示说者的成本:

$$H_n(\mathcal{S}) = -\sum_i P(a_i) \log_n P(a_i), \tag{7.16}$$

---

① 图 7.2 中展示的是语言学中另一个重要定律——Heap 定律[100], 即新词数与总词数之间近似具有标度关系 $M \propto N^\theta$, 其中幂指数 $\theta < 1$. 这也被称为亚线性增长, 与之对应的是超线性增长, 幂指数大于 1.

② 例如《施氏食狮史》这篇文章, 如果忽略音调, 说者只需连续发 shi 这一个音就够了, 而听者则很难听懂在说什么.

其中 $P(a_i)$ 是第 i 个单词被说者使用的概率. 如果用一个单词表示所有含义, 则成本最低, 此时 $H_n(\mathcal{S}) = 0$; 如果所有的单词都被平均使用, 则成本最高, 此时 $H_n(\mathcal{S}) = 1$.

当听者听到一个单词 a_i 后, 他付出的成本用条件信息熵来表示:

$$H_m(\mathcal{R}|a_i) = -\sum_j P(b_j|a_i) \log_m P(b_j|a_i), \tag{7.17}$$

根据贝叶斯公式可知 $P(b_j|a_i) = P(a_i|b_j)P(b_j)/P(a_i) = \phi_{ij}P(b_j)/[w_j P(a_i)]$, 其中 $P(b_j)$ 是第 j 个含义出现的概率, $w_j = \sum_i \phi_{ij}$ 是含义 j 的同义词数.

当听者听到说者说出很多单词时, 付出的成本可以表示为听不同单词的平均成本:

$$H_m(\mathcal{R}|\mathcal{S}) = \sum_i P(a_i)H_m(\mathcal{R}|a_i). \tag{7.18}$$

由于每个人在和别人交谈时既是听者又是说者, 因此可以认为所有人都会权衡听说成本, 以让总成本

$$\Omega(\lambda) = \lambda H_m(\mathcal{R}|\mathcal{S}) + (1-\lambda)H_n(\mathcal{S}) \tag{7.19}$$

最低, 其中 $0 \leqslant \lambda \leqslant 1$ 是给听说成本加权的参数.

Cancho 和 Solé 使用迭代方法来模拟上述听说模型, 在每一步迭代中随机调整矩阵 $\mathbf{\Phi}$ 中的取值来计算总成本, 直到总成本不再减少为止. 通过对比模型在参数 λ 不同取值下的模拟结果, 他们发现当 $\lambda = 0.41$ 时词频服从 Zipf 定律 (见图 7.3). 这为 Zipf 的最省力原则提供了很好的理论解释.

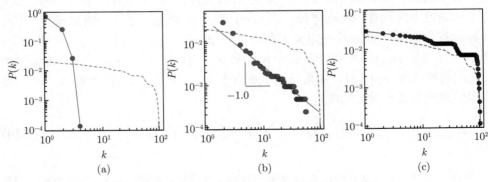

图 7.3 听说模型模拟结果[101]

从左到右, 参数 λ 的取值分别为 0.3、0.41、0.5. 图中的 k 表示排序, $P(k)$ 表示排序为 k 的单词被使用的频率

7.2.4　时间间隔分布解释模型

　　除了本节前述小节介绍的一些事物的规模服从幂律分布之外，很多事件发生的时间间隔也服从幂律分布，这与第 6 章自组织临界模型关注的雪崩时长、交通拥堵时长等事件时长分布有所不同. 传统排队论中认为事件间隔时间一般都服从指数分布，但进入 21 世纪之后研究者却发现很多不同类型事件的间隔时间服从幂律分布[102]. 其中有代表性的一个发现[103] 是达尔文（Darwin）和爱因斯坦一生中收到信件后再回复的时间间隔均服从幂律分布，幂指数接近 3/2，见图 7.4.

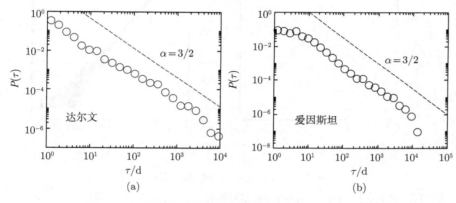

图 7.4　达尔文和爱因斯坦回复信件的时间间隔分布[103]

　　为解释回信时间间隔幂律分布现象，Barabási 提出了一个考虑任务优先级的任务队列模型[104]. 该模型把人的某种日常活动概括为需要处理的任务，并给个体分配了一个可容纳 L 个任务的列表. 给每个任务标记一个由均匀分布随机生成的优先级，在每一个时步，个体选择执行其中的一个任务. 该任务完成后，将其从任务列表中去除，然后再加入一个新的随机优先级任务. 个体对于这些任务有三种可能的处理方案：

　　第一种是先进先出方案，个体按照其获得任务的顺序来执行任务，一个任务的等待时间为排在它前面的所有任务的执行时间之和，如果执行任务的时间服从有界分布，则任务从接受到完成之间的等待时间是指数分布的；

　　第二种是不受任务优先级和接受时间约束的随机选择方案，个体每次从列表中随机抽取一个任务执行，任务的等待时间也是指数分布的；

　　第三种是高优先级优先执行方案，个体按照任务优先级高低执行，不管任务加入列表的先后顺序，优先级低的任务可能会等待很长时间才能被执行. 这种方案在人的日常行为中很常见，例如通常会优先做重要的或急切需要完成的工作，然后再做其他工作.

在 Barabási 模型中，每个时间步个体执行最高优先级任务的概率是 p，随机选取一个任务执行的概率是 $1 - p$. 当 $p \to 1$ 时，模型退化为高优先级优先执行方案，时间间隔 τ 近似服从幂律分布 $P(\tau) \propto \tau^{-1}$，见图 7.5(a)；当 $p \to 0$ 时，模型退化为随机选择方案，时间间隔 τ 近似服从指数分布，见图 7.5(b).

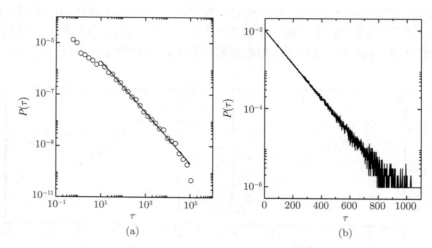

图 7.5   Barabási 模型模拟结果[104]

(a) 高优先级优先执行方案，$p = 0.99999$，直线斜率为 -1；(b) 随机选择方案，$p = 0.00001$

Barabási 模型得到的幂律分布指数 1 与达尔文和爱因斯坦回信时间间隔幂律分布指数 3/2（见图 7.4）并不一致. 为此 Vázquez 等对 Barabási 模型进行了改进[105]，将个体任务列表长度设置为可变，并假设接受任务的速率为 λ，执行任务的速率为 μ，二者的比例为 $\rho = \lambda/\mu$. 他们对以下三种情况进行了模拟：

当 $\rho < 1$ 时（任务的接受速率小于执行速率），任务列表经常是空的，大多数任务在接受后不久就被执行了，也就是说长时间的等待是很有限的，模拟结果显示 $\rho \to 0$ 时等待时间分布为指数分布，$\rho \to 1$ 时近似服从带有指数尾的幂律分布 $P(\tau) \propto \tau^{-3/2} \mathrm{e}^{-\tau/\tau_0}$（见图 7.6(a)），其中 $\tau_0 = 1/[\mu(1 - \sqrt{\rho})^2]$.

当 $\rho = 1$ 时，不同于 Barabási 模型固定任务列表长度 L，此时的 L 会随时间波动，等待时间分布近似服从 $P(\tau) \propto \tau^{-3/2}$.

当 $\rho > 1$ 时（任务的接受速率大于执行速率），任务列表长度会不断增加，其中 $1 - 1/\rho$ 的任务将永远不能完成，模拟结果显示等待时间分布也近似服从 $P(\tau) \propto \tau^{-3/2}$（见图 7.6(b)）. 这一模拟结果与达尔文、爱因斯坦的实际信件通信情形是非常一致的，他们分别有 68% 和 76% 的信件没有回复[105].

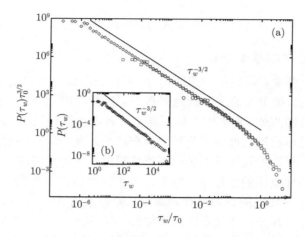

图 7.6 Vázquez 模型模拟结果[105]

(a) 图中三种符号对应不同的 ρ：0.9（圆形），0.99（方块），0.999（菱形）．(b) 图为 $\rho = 1.1$ 时的等待时间分布

综上所述，在任务队列长度动态变化的情况下，任务等待时间服从指数为 3/2 的幂律分布；在任务队列长度固定的情况下，任务等待时间服从指数为 1 的幂律分布．这被 Vázquez 等称为两大普适类[105]，当时的实证结果绝大部分可以粗略地归入这两大普适类．但后续大量的实证研究发现，人类行为的时间间隔分布并不局限在这两大普适类中．随着模型研究的进展，也使得人们认识到影响人类行为因素的多样性和复杂性，任务队列理论也只能适用于其中一部分情况．针对早期模型所存在的各种问题，研究者们也从各种现实情况出发，更深入地挖掘了人类行为时间特征的内在机制，提出了多种改进型模型[102]．此外，时间间隔分布不仅只服从单一的幂律分布，有些系统中的时间间隔还服从多段幂律分布，例如维基编辑时间间隔和货车出行时间间隔（见图 7.7）．对这类多段幂律分布也开展了很多理论与应用研究，本书对这些内容不再介绍．

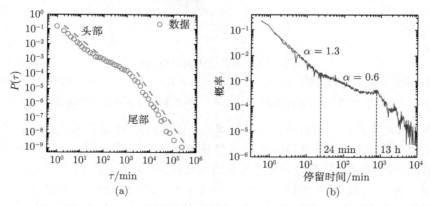

图 7.7 维基编辑时间间隔[106](a) 和货车出行时间间隔[74](b) 的多段幂律分布

7.3　应用示例

7.3.1　城市出行中的幂律分布

人几乎每天都要在不同的地点间出行：从家去单位上班，约朋友一起聚餐，或者外出旅行游玩．每个人的出行行为都是不一样的，但在个体层面和群体层面上却具有很多普适的规律．例如在个体层面上，各地点被访问的频率近似服从 Zipf 定律，访问地点返回步长近似服从幂律分布，个体在一段时期的出行中访问过的地点数量会随出行次数亚线性增长；在群体层面上，地点间的出行量近似服从幂律分布——个别地点间的出行量非常大，但绝大多数地点间的出行量却很小．此外还有在第 1 章介绍过的群体出行距离服从幂律或指数分布．这些规律不仅在城市内的客运出行中存在，在城市间也是如此[107]，甚至在货运中也是如此[108]．

本节以纽约市的出行为例来展示上述普适性规律．数据来源于 Foursquare 网站上的用户签到数据[109]，其中包含 23520 个出行者，共有 113279 次出行．图 7.8(a) 展示的是纽约市各分区的出行访问总量，图 7.8(b) 是各分区之间出行量的期望线图．图中出行量分布最密集的地区是纽约市的曼哈顿区．

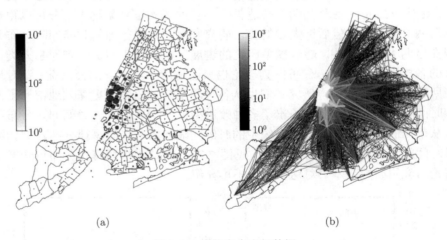

(a)   (b)

图 7.8　纽约市内出行数据

图中分区是美国 2010 年人口调查划分的区域．统计时将一个分区的中心假设为该分区内出行集中的地点．(a) 地点访问量．圆圈越大、颜色越深说明访问量越大．(b) 地点间出行量．期望线越宽、颜色越浅说明出行量越大

图 7.9展示了纽约市的出行统计结果．从图 7.9(a) 中可以看到，个体访问新地点的数量 $M(t)$ 与出行次数 t 之间具有亚线性增长关系，这与图 7.2中新词数随总词数增长的规律非常相似——访问新地点（或使用新单词）的频次越往后越少．图 7.9(b) 展示了地点被访问频率 $f(r)$ 与排序 r 之间的关系，这与图 7.1(c) 中的词频类似，都近似服从 Zipf 定律．这说明个体更倾向于访问少数几个地点（例如

家和工作单位），而访问其他地点的概率相对就低很多，这也是图 7.9(a) 中访问地点亚线性增长的原因——大部分出行发生在常去地点之间，这还使得个体返回之前访问过地点的出行次数（即返回步长 τ）的分布 $P(\tau)$ 呈现出强烈的异质性，见图 7.9(c). 从群体层面上来看，图 7.9(d) 显示地点间出行量的分布 $P(T)$ 近似服从幂律分布，说明大部分地点之间的出行量都很小，只有少部分地点间的出行量非常大，这从图 7.8(b) 的期望线图中可以直观看出. 从图 7.8(b) 中还可以看到短距离的出行远多于长距离的出行，对出行距离以 km 为单位进行统计后的结果见图 7.9(e)，可以看到地点间出行距离分布 $P(d)$ 近似服从双段幂律分布.

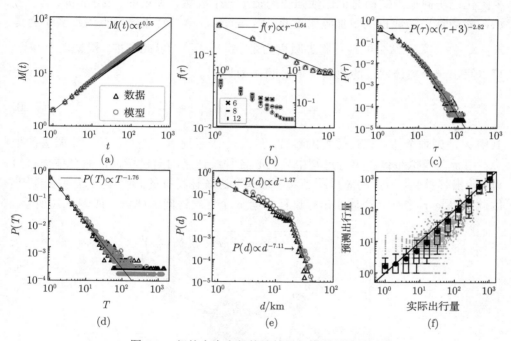

图 7.9 纽约市内出行统计结果与模型预测结果

(a) 访问地点数 $M(t)$ 与出行次数 t 的关系. (b) 地点访问频率 $f(r)$ 与地点排序 r 的关系. 主图中访问地点数为 10 个，插入图中访问地点数分别为 6、8、12 个. (c) 返回时间间隔分布 $P(\tau)$. (d) 出行量分布 $P(T)$. (e) 出行距离分布 $P(d)$. (f) 模型预测的地点间出行量与实际出行量的对比

7.3.2 个体群体出行统一模型

为解释图 7.9(a) ~ (e) 中的多种标度关系，本小节建立了一个刻画个体和群体出行行为的统一模型. 从图 7.9(c) 可以看到，个体总是倾向于很快返回之前访问过的地点，这说明个体在出行过程中对已访问过的地点具有强烈的记忆性[110]. 这种记忆性可以通过如下方式表达：假设每个地点有一个固有的吸引力 A，与这

个地点是否被访问过无关；而地点的另一部分吸引力是个体的记忆性带来的，即个体访问过的地点相对于其未访问过的地点会多出一部分吸引力 A'. 随着个体访问地点数量的增多，已访问过地点的总吸引力就相对越来越强，个体访问新地点的可能性就会自然降低，见图 7.9(a).

现在的问题是如何定量化描述记忆性带来的地点附加吸引力 A'. 在这里提出两个假设：一方面，A' 与地点本身的固有吸引力 A 相关，即个体对一个吸引力更大的地点形成的记忆性也相对越强；另一方面，个体对越常访问地点的相对记忆性就越强，对很少访问地点的相对记忆性则越弱，用调和数列（harmonic series）来量化已访问地点的相对记忆性强弱无疑是一个自然、和谐的（harmonious）方法，即最常去的地点的附加吸引力是 $A'_1 \propto A_1$，第二常去的地点附加吸引力是 $A'_2 \propto \dfrac{A_2}{2}$，第三常去的地点附加吸引力是 $A'_3 \propto \dfrac{A_3}{3}$，以此类推. 根据以上假设，可以写出一个被访问过的地点 j 的总吸引力为

$$A_j + A'_j = A_j + \lambda \frac{A_j}{r_j} = A_j \left(1 + \frac{\lambda}{r_j}\right), \tag{7.20}$$

其中 λ 是刻画个体记忆性强弱的参数，变量 r_j 表示地点 j 是个体第 r 个常去的地点. 由于在模拟个体的出行过程中只关心各种统计量的渐进特征，而个体出行轨迹（即出行链）中地点的先后顺序对于这些渐进统计特征的影响是可以忽略的[111]，因此可以将 r 定义为个体在出行过程中第 r 个首次访问的地点，如图 7.10 所示.

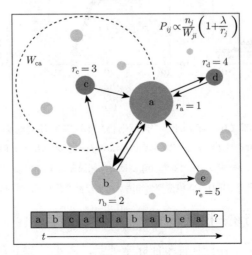

图 7.10　统一模型原理示意图

标字母的圆表示被个体访问过的地点，它们被访问的次序列于图下方. 圆大小表示地点总吸引力的大小，$r = 1$ 的是最有吸引力的地点，$r = 2$ 的次之，以此类推. 未访问地点的 $r = \infty$. W_{ca} 是虚线圆中包含地点的总人口

式 (7.20) 中地点的固定吸引力 A_j 可以用人口加权机会（population-weighted opportunity，PWO）模型[112] 来计算：

$$A_j \propto \frac{n_j}{W_{ji}}, \tag{7.21}$$

其中 n_j 是地点 j 的人口数，地点的固定吸引力与其成正比；W_{ji} 则是以地点 j 为中心、以 j 到出发点 i 的距离为半径的圆形范围内所有地点的人口数量之和，见图 7.10 中的虚线圆. PWO 模型认为此范围内的 W_{ji} 个个体都会对目的地 j 的吸引力产生竞争，故吸引力 A_j 会随 W_{ji} 反比衰减.

结合式 (7.20) 与式 (7.21)，可以给出统一模型的基本规则：首先给定地点总数 K 和各地点的人口数 n_i，在各地点按照地点实际人口数放置若干出行者，并给每个出行者赋予一个总出行次数 L（可以从实际数据的出行次数分布中抽样获取）. 然后，让每个出行者在其 L 次出行过程中，每一次都按下式计算得到的概率选择一个地点并移动过去：

$$P_{ij} \propto \frac{n_j}{W_{ji}} \left(1 + \frac{\lambda}{r_j}\right), \tag{7.22}$$

式中 P_{ij} 是从地点 i 出发的出行者选择地点 j 的概率，其他变量含义同前. 所有地点的次序变量初始值都是 $r_j = \infty$，在某地点初次被访问后，再根据其被访问的次序为 r_j 赋值. 从式 (7.22) 中可以看到，统一模型同时反映了个体对地点的记忆性和群体对地点机会的竞争性.

统一模型包含一个待定参数 λ，因此需要先用实际数据估计参数 λ 的取值. 参数 λ 刻画了个体出行过程中对访问过的地点形成的记忆性的强弱，它直接影响访问地点数量的增长速度，因此可以用访问地点数 M 随出行次数 t 的增长函数 $M(t)$ 来对参数 λ 的取值进行估计. 通过定义如下目标函数

$$E(\lambda) = \sum_{t=1}^{L_{\max}} \frac{|M_{\mathrm{real}}(t) - M(t, \lambda)|}{M_{\mathrm{real}}(t)}, \tag{7.23}$$

其中 $L_{\max}$ 是最大出行次数，$M_{\mathrm{real}}(t)$ 是实际的地点数增长函数，$M(t, \lambda)$ 是带有参数 λ 的统一模型得到的地点数增长函数. 使 E 取值最小的 λ 值就是模型参数最优估计值. 通过以上方法估计出纽约市内出行统一模型的参数值为 $\lambda \approx 8$.

参数确定后，就可以仿真运行统一模型. 运行模型之前先从实际数据中统计出群体的出行次数分布 $P(L)$，然后为每一个个体从该分布中抽取一个 L 值作为其出行次数. 模型仿真结果见图 7.9，可以看到统一模型很好地再现了图 7.9(a) ~ (e) 中的多种统计特征. 不仅如此，图 7.9(f) 中还显示统一模型预测的地点间出行

量与实际出行量非常接近，这说明统一模型不仅可以解释个体群体出行中的标度关系，还可以作为地点间出行量的预测模型. 除城市内出行之外，统一模型还应用到了中国、美国、科特迪瓦和比利时四个国家的城市间出行特征分析和出行量预测中，均取得了较好的结果[107].

7.3.3　个体出行简化模型

为更深入地理解统一模型中记忆性因素对个体出行的影响，在此对不考虑群体竞争效应的个体出行简化模型进行解析分析. 由于统一模型是根据各地点人口数来计算固定吸引力的，而实际数据中地点人口数分布具有很强的异质性. 为简化解析过程，在这里只考虑地点人口数均匀分布的情况. 个体出行简化模型可以描述为一个随机游走过程：游走者在 K 个地点之间游走，每步选择一个地点的概率正比于该地点的吸引力；在 $t = 0$ 时刻，所有地点的初始吸引力均为 1，在游走过程中，第 r 个被首次访问的地点 j 的吸引力更新为 $1 + \lambda K/r_j$，其中 λ 是记忆性参数. 当 $\lambda = 0$ 时，该模型退化为一般的随机游走模型；当 $\lambda \to \infty$ 时，游走者将只在两个地点之间游走.

首先求解访问地点数量 M 随时间 t 的变化规律. 考虑在 t 时刻，游走者已经访问过的互不相同的地点的数量为 M，则游走者下一步选择一个新地点的概率为

$$P_{\text{new}} = \frac{K - M}{K + \sum_{r=1}^{M} \lambda K/r}. \tag{7.24}$$

当 $K \gg M$ 时，上式可近似为

$$P_{\text{new}} \approx \frac{1}{1 + \lambda \sum_{r=1}^{M} \frac{1}{r}} = \frac{1}{1 + \lambda(\ln M + C)}, \tag{7.25}$$

其中 $C \approx 0.577$ 是欧拉（Euler）常数. 可以看到，新点访问概率是随着访问地点总数 M 的增加而衰减的. 由于选择一个新地点的概率 P_{new} 等价于每个时刻访问地点数的增加率

$$\frac{\mathrm{d}M}{\mathrm{d}t} = P_{\text{new}} = \frac{1}{1 + \lambda(\ln M + C)}, \tag{7.26}$$

因此可解得

$$t = (1 + \lambda C)M + \lambda M(\ln M - 1) - B, \tag{7.27}$$

其中 B 是一个常数. 由于 $M(t = 0) = 1$，可以解得 $B = 1 + \lambda C - \lambda$. 将其代入式 (7.27) 可得

$$t = BM + \lambda M \ln M - B. \tag{7.28}$$

当 $\lambda = 0$ 时（即没有记忆性），可得 $M = t+1$，地点是线性增长的. 当 $\lambda = 1/(2-C)$ 时，由于 $\lambda = B$，因此式 (7.28) 可以写为 $t = \lambda[M + M\ln(M) - 1]$. 根据近似 $\ln(M) \approx M - 1$，可得

$$M \approx \sqrt{(2-C)t+1},\tag{7.29}$$

即 M 随 t 亚线性增长. 当 λ 取一般值时，无法显式地得到 $M(t)$ 的表达式，但已足够对 M 随 t 的变化规律做出精确描述. 图 7.11 是模型解析结果和仿真结果的对比. 从中可以看到，随着记忆强度参数 λ 的增加，地点增长速度整体上会变得更为缓慢.

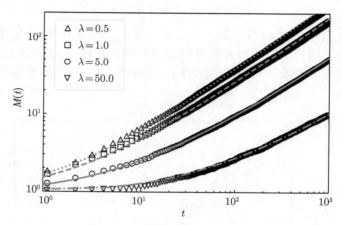

图 7.11　地点增长速度的仿真结果与解析结果对比

地点总数 $K = 1000$，出行次数 $t = 1000$. 图中点 ($\triangle$, $\square$, $\bigcirc$, $\triangledown$) 是仿真结果，曲线是相同参数下与仿真结果相对应的解析解

接下来求解排序 r 的地点的被访问频率 $f(r)$. 考虑在 t 时刻，游走者已经访问过的互不相同的地点数量为 M，则游走者下一步选择一个已访问过的地点的概率为

$$P_{\text{old}} = 1 - P_{\text{new}} = \left(M + \sum_{r=1}^{M} \lambda K/r\right) \bigg/ \left(K + \sum_{r=1}^{M} \lambda K/r\right).\tag{7.30}$$

在所有 $M(t)$ 个老地点中，第 r 个地点被访问概率，即该地点被访问次数 u_r 的增加率

$$\frac{\mathrm{d}u_r}{\mathrm{d}t} = P_{\text{old}} \frac{1 + \lambda K/r}{M + \sum_{r=1}^{M} \lambda K/r} = \frac{1 + \lambda K/r}{K + \sum_{r=1}^{M} \lambda K/r} \approx \frac{\lambda}{r[1 + \lambda(\ln M + C)]}.\tag{7.31}$$

从式 (7.26) 可知 $\mathrm{d}t = [1 + \lambda(\ln M + C)]\mathrm{d}M$，代入上式后可得

$$\frac{\mathrm{d}u_r}{\mathrm{d}M} = \frac{\lambda}{r}. \tag{7.32}$$

解此微分方程可得

$$u_r = \lambda M/r + B', \tag{7.33}$$

其中 B' 是一个常数. 由于 $M = 1$ 时 $r = 1$ 且 $u_r = 1$，根据此条件可得常数 $B' = 1 - \lambda$. 又由于地点 r 被访问的频率 $f(r)$ 正比于其被访问的次数 u_r，可以得到

$$f(r) \propto \lambda M/r + 1 - \lambda. \tag{7.34}$$

当 $\lambda = 0$ 时，$f(r)$ 服从均匀分布；当 $\lambda = 1$ 时，$f(r)$ 服从 Zipf 定律. 图 7.12 是地点访问频率的解析结果和仿真结果的对比，可以看到 $f(r)$ 会随着 λ 增大越来越偏离幂律而倾向指数分布，说明随着记忆性的加强，游走者更倾向于在少数几个地点间移动.

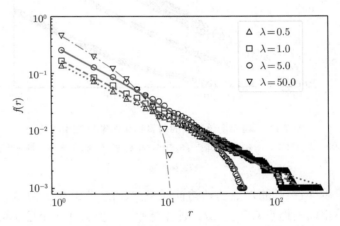

图 7.12   地点访问频率的仿真结果与解析结果的对比

图中点 ($\triangle, \square, \bigcirc, \triangledown$) 和曲线意义同图 7.11

最后解析模型中的返回时间间隔分布. 在个体出行简化模型中，对于第 r 个被首次访问的地点来说，$P_r(\tau)$ 是当前访问 r 点的概率 q_r 与后 $\tau - 1$ 步都没有访问 r 点的概率 $(1 - q_r)^{\tau-1}$，以及与第 τ 步恰好访问 r 点的概率 q_r 的联合概率，即

$$P_r(\tau) = q_r^2(1 - q_r)^{\tau-1}. \tag{7.35}$$

根据式 (7.31) 可知每步中第 r 个地点被访问的概率为

$$q_r = \frac{\epsilon}{r}, \tag{7.36}$$

其中 $\epsilon = \lambda/[1 + \lambda(\ln M + C)]$. 将式 (7.36) 代入式 (7.35), 可得到

$$P_r(\tau) = \frac{\epsilon^2}{r^2}\left(1 - \frac{\epsilon}{r}\right)^{\tau-1}. \tag{7.37}$$

对于所有被访问过的地点, 返回时间间隔分布为

$$P(\tau) = \int_1^M P_r(\tau)\mathrm{d}r = \int_1^M \frac{\epsilon^2}{r^2}\left(1 - \frac{\epsilon}{r}\right)^{\tau-1}\mathrm{d}r = \frac{\epsilon}{\tau}\left[\left(1 - \frac{\epsilon}{M}\right)^\tau - (1 - \epsilon)^\tau\right], \tag{7.38}$$

这是一个混合了两个指数项的幂律分布. λ 越大分布函数整体的指数效应就越明显, 说明游走很多步后再返回的概率是极低的. 图 7.13 是返回时间间隔分布的仿真结果与解析结果的对比. 由于仿真时间不可能无限长, 因此仿真结果尾部会稍偏离解析解.

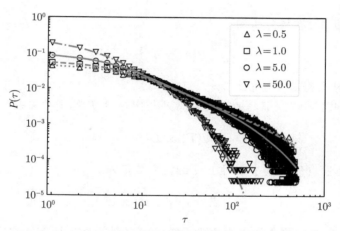

图 7.13　返回时间间隔的仿真结果与解析结果的对比

图中点 (△, □, ○, ▽) 和曲线意义同图 7.11

7.3.4　群体出行简化模型

除了上述不考虑群体竞争效应的个体出行简化模型外, 还可以建立简化的群体出行模型来理解群体出行特征的形成机制. 首先将前述个体游走模型进一步简化为所有个体都仅移动一步, 这种情况下个体对地点的记忆性就可以被忽略了. 在此基础上再加入群体的相互竞争性, 即个体从地点 i 移动到 j 的概率为

$$P_{ij} \propto \frac{n_j}{W_{ji}}. \tag{7.39}$$

如果每个地点都具有 n 个个体, 且所有地点在二维空间上是均匀分布的, 那么 $W_{ji} = \rho\pi d_{ij}^2$, 其中 ρ 是人口密度. 另外, 根据 $T_{ij} = n_i P_{ij}$, 可将式 (7.39) 改写为

$$T_{ij} \propto \frac{n_i n_j}{d_{ij}^2}, \tag{7.40}$$

是一个具有平方距离函数的引力模型.

实际城市的二维空间分布往往会呈现出分形特征 (见 5.3.1小节)，即 $W_{ji} \propto d_{ij}^\delta$，其中 δ 是分形维数，介于 1 到 2 之间. 这种情况下可以得到

$$T_{ij} \propto \frac{n_i n_j}{d_{ij}^\delta}, \tag{7.41}$$

是一个具有幂距离函数的引力模型.

由于假设各地的人口数是相等的，因此上式可以被简化为

$$T(d) \propto d^{-\delta}, \tag{7.42}$$

进而可以得到出行距离分布为

$$P(d) \propto d^{-\delta}, \tag{7.43}$$

是一个指数为 δ 的幂律分布.

从式 (7.42) 可以获取两地之间距离 d 与出行量 T 的函数关系

$$d(T) \propto T^{-\frac{1}{\delta}}. \tag{7.44}$$

此外，在分形空间中距离小于等于 d 的地点数量为

$$M(d) \propto Q(y \leqslant d) \propto d^\delta, \tag{7.45}$$

其中 $Q(y \leqslant d)$ 是分形空间中距离小于等于 d 的地点对的比例，它等于出行量大于等于 $T(d)$ 的地点对所占的比例 $P(x \geqslant T)$. 因此有

$$P(x \geqslant T) = Q[y \leqslant d(T)]. \tag{7.46}$$

合并式 (7.44)、(7.45) 和 (7.46)，可得到 T 的分布是

$$P(T) \propto \frac{\mathrm{d}d(T)^\delta}{\mathrm{d}T} \propto \frac{\mathrm{d}(T^{-\frac{\delta}{\delta}})}{\mathrm{d}T} \propto T^{-2}, \tag{7.47}$$

这是一个指数为 2 的幂律分布，幂指数与分形维数 δ 无关.

为验证前述解析结果,此处将群体出行简化模型在 5.2.1小节介绍的二维 Cantor 分形、Vicsek 分形、Sierpinski 分形、Hexaflake 分形这 4 种二维空间分形上进行仿真. 根据图 5.5 ~ 图 5.8中所示的 4 种二维空间分形生成过程，分别用 5、

4、6、3 步迭代生成二维 Cantor 分形、Vicsek 分形、Sierpinski 分形、Hexaflake
分形, 其中所包含的位置数分别为 1024、625、729 和 343 个. 为更好地模拟现实
世界中观察到的城市分形特征, 此处为每个位置的坐标都添加一个小的随机偏移,
以避免形成理想化的分形区域. 在此基础上进一步为每个地点设置 m 个人口, 并
根据式 (7.39) 仿真计算各地点间的出行量 T_{ij}. 最终生成的出行距离分布结果
见图 7.14. 从中可以看出, 群体出行简化模型在不同分形空间上可以产生幂指数
不同的幂律出行距离分布, 而出行量分布则均服从指数为 2 的幂律分布, 与前述
解析分析结果相符.

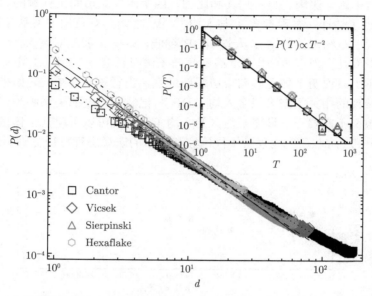

图 7.14　分形空间中群体出行模型仿真生成的出行距离分布 $P(d)$ 和出行量分布 $P(T)$

在现实世界中, 地点的人口分布是非常异质性的, 这直接影响地点间出行量
T 的分布. 为分析人口异质性的影响, 此处只考虑从一个中心地点 c 到其他地点
的出行量. 假设中心地点具有最多的人口数 n_c, 而其他地点的人口数 n_j 则随着
与中心地点距离 d_{cj} 的增加而下降, 即

$$n_j \propto d_{cj}^{-\xi}, \tag{7.48}$$

其中参数 $\xi > 0$. 根据上式与式 (7.39) 可知

$$T_{cj} \propto \frac{n_c n_j}{W_{jc}} \propto \frac{n_c d_{cj}^{-\xi}}{\bar{n} d_{cj}^{\delta}} \propto d_{cj}^{-\delta-\xi}, \tag{7.49}$$

其中 $\bar{n}$ 是地点人口平均数. 合并式 (7.45)、(7.46) 和 (7.49) 可得

$$P(T) \propto \frac{\mathrm{d}(T^{-\frac{\delta}{\delta+\xi}})}{\mathrm{d}T} \propto T^{-1-\frac{\delta}{\delta+\xi}}, \tag{7.50}$$

幂指数在 1 到 2 之间, 与实际数据中的出行量分布幂指数相符, 见图 7.9(d).

　　上述对简化统一模型进行的解析分析, 在群体层面上有助于理解出行距离幂律分布和地点间出行量幂律分布的形成机制, 在个体层面上可以定量分析记忆性强度参数 λ 对各类个体出行标度关系的影响. 为进一步理清记忆性强度的生成机制, 此处对中国、美国、科特迪瓦和比利时四个国家城市间出行者的记忆性强度参数 λ 进行了估计, 发现参数 λ 与人均 GDP①之间具有负相关关系（见图 7.15, 其中也包含了纽约市的数据）：人均 GDP 越低, 参数 λ 就相对越大, 这意味着个体主要在少数几个地点之间出行, 而不倾向于访问新地点; 人均 GDP 越高, 参数 λ 则相对越小, 说明个体更倾向于访问新地点, 出行探索性更强. 如果能获取更多国家和城市的相关数据来拟合人均 GDP 与记忆性强度的关系函数, 统一模型甚至连参数都不需要——只需某地区的人均 GDP 就可以再现其个体出行规律和群体出行分布. 这些研究为理解不同国家和城市的宏观出行特征提供了新的视角.

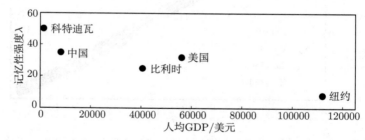

图 7.15　记忆性强度 λ 与人均 GDP（来自 2015 年统计数据）之间的关系

习　　题

1. 编程：搜集具有幂律分布的数据, 估计幂指数, 并绘制幂律分布图.
2. 思考：所搜集的数据为何服从幂律分布?
3. 扩展：阅读文献综述 *Re-inventing Willis*[98].

---

① Gross domestic product, 国内生产总值.

第 8 章 异 速 生 长

除了第 7 章介绍的幂律分布，异速生长是自然和社会系统中另一类广泛存在的标度律，它是指 X 和 Y 两类不同事物的相对生长速率并不是像 $Y \sim X$ 这样同速的，而是像 $Y \sim X^{\beta}$ 这样异速的，其中标度指数的取值为 $0 < \beta < 1$（也称为亚线性增长）或 $\beta > 1$（也称为超线性增长）. 从 19 世纪开始就有学者发现代谢率[①]、器官尺寸等生物特征与身体大小之间存在异速生长关系，进入 21 世纪后又有学者发现 GDP、犯罪率、加油站数量等城市属性与城市规模之间也存在异速生长关系，这些异速生长现象背后的形成机制也被很多学者建立模型来解释. 本章将首先介绍生物异速生长的实证和模型研究，然后介绍城市异速生长的实证和模型研究，最后介绍交通系统中的一些异速生长现象及其解释模型.

8.1 生物异速生长

8.1.1 实证研究

异速生长（allometry）一词是由 Huxley 和 Tessier 创造的[113]，他们在 1936 年研究招潮蟹发育过程时发现，蟹螯[②]长度与蟹壳宽度之间具有标度关系，标度指数约为 1.57，即蟹螯长度相对于蟹壳宽度是超线性增长的. 也就是说，当招潮蟹壳宽度增长 2 倍后，蟹螯长度增长不止 2 倍，而是 $2^{1.57} \approx 3$ 倍，即蟹螯增长速度要远快于蟹壳增长速度，这就是异速生长一词的来源. 很多生物都具有类似的发育过程，例如甲虫的触角尺寸在发育过程中与身体尺寸不成比例地大幅增加，而人在从婴儿到成年的发育过程中头部尺寸的增长速度要低于身高的增长速度，而腿长则恰恰相反.

上述的异速生长研究是对同一生物在不同发育阶段的某些特征开展的，还有一类异速生长研究是对相同物种生物或不同物种生物在同一发育阶段（多为成年阶段）的特征开展的. Rubner 在 1883 年就开始研究生物代谢率与体重的关系[114]，发现不同类型狗的代谢率与体重之间服从 2/3 次幂律. 他认为散发热量的速率与生物的体表面积成正比，而面积正比于半径的平方，体积正比于半径的立方，所以代谢率会与体重的 2/3 次幂成正比. 后续又陆续有学者发现相同或不同物种生

---

① Metabolic rate，也称新陈代谢率，是指细胞将营养转化为能量的速率. 在这个过程中生物会以同样的速率散发热量，所以测量生物产生的热量就能得出新陈代谢率.

② 俗称钳子.

物的代谢率与体重之间具有标度关系，但幂指数往往比 2/3 更大一些. 其中最著名的研究是 Kleiber 在 1932 年发表的论文[115]，他从大量的实验数据中发现哺乳动物和鸟类的代谢率与体重之间具有幂指数为 3/4 的标度关系（见图 8.1），这在后来被称为 Kleiber 定律. 后续的实证研究进一步发现 Kleiber 定律的适用范围非常广泛，小到细胞、线粒体，大到大象、鲸鱼，代谢率与重量之间的 3/4 次幂律始终成立.

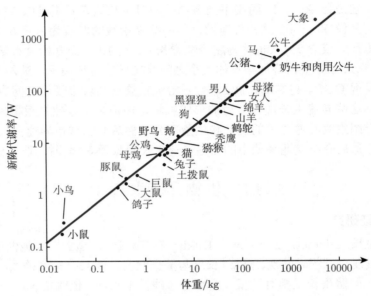

图 8.1   部分动物的代谢率与体重之间的标度关系[116]

图中直线斜率为 3/4

8.1.2 分形分支网络模型

在 Kleiber 定律提出后，很多研究者从不同角度对其形成机制进行了解释，其中比较著名的是 West 等建立的分形分支网络模型[117]. 他们认为生物都是用身体内的某些分支网络来输运流体到身体所有部分的，例如哺乳动物的血管或气管、植物的导管（见图 8.2(a)、(b)）. 他们对此提出了三个假设：① 输运流体的是一个充满身体空间的规则分形分支网络；② 网络的最后一个分支（例如循环系统中的毛细血管）是大小相同的单元；③ 输运流体所需的能量要最小化.

如图 8.2(c) 所示，在一般情况下，分支网络是由 $N+1$ 层分支组成的，例如血液循环系统中的主动脉（$k=0$ 层），动脉（$k=1$ 层）、$\cdots\cdots$、毛细血管（$k=N$ 层）. 每一层典型分支的长度为 l_k，半径为 r_k，压强为 Δp_k，流速为 $Q_k = \pi r_k^2 \bar{u}_k$，其中 $\bar{u}_k$ 是横截面上的平均流速（见图 8.2(d)）. 如果第 k 层分支包含的子分支是

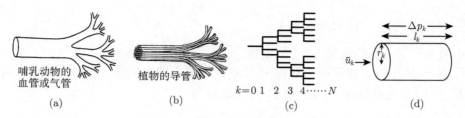

图 8.2 分形分支网络模型示意图[117]

(a) 由分支管道组成的哺乳动物血液或呼吸系统；(b) 由分支管道组成的植物导管系统；(c) 前述两类网络的拓扑表达，其中 k 表示第几层分支，第 N 层分支是毛细管；(d) 模型中第 k 层分支的参数

n_k 个，那么第 k 层分支包含的分支总数

$$N_k = n_0 n_1 \cdots n_k. \tag{8.1}$$

因为流经整个系统的流量是恒定的，因此流速

$$Q_0 = N_k Q_k = N_k \pi r_k^2 \bar{u}_k = N_c \pi r_c^2 \bar{u}_c, \tag{8.2}$$

其中下标 c 表示最后一层. 根据假设 ② 可知最后一层是大小相同的单元，因此 Δp_c、r_c、$\bar{u}_c$、l_c 都是固定不变的，与身体大小 M（即体重）无关. 又因为身体的代谢率 B 就等于输运营养物质的速率，因此可以用

$$B = Q_0 = N_c \pi r_c^2 \bar{u}_c \propto N_c \tag{8.3}$$

来表示代谢率.

前述实证研究中已经发现代谢率 B 与体重 M 之间具有标度关系 $B \propto M^\alpha$（见图 8.1），结合式 (8.3) 就可得到

$$N_c \propto M^\alpha. \tag{8.4}$$

由于规则分形分支每一层的子分支数量都是相等的，即 $n_k = n$，因此式 (8.1) 就可以写为 $N_k = n^k$ 以及 $N_c = n^N$，将其代入式 (8.4) 并对两端取对数就可以得到

$$N = \alpha \ln(M/M_0)/\ln n, \tag{8.5}$$

其中 M_0 是一个常数.

规则分形分支网络中的总流量（例如血液量）可以写为

$$V = \sum_{k=0}^{N} N_k V_k = \sum_{k=0}^{N} n^k \pi r_k^2 l_k. \tag{8.6}$$

由于规则分形分支中相邻两层间分支的半径或长度的比值都是固定的，即 $\beta = r_{k+1}/r_k$、$\gamma = l_{k+1}/l_k$，因此式 (8.6) 就是等比数列的和：

$$V = \frac{(n\gamma\beta^2)^{-(N+1)} - 1}{(n\gamma\beta^2)^{-1} - 1} n^N V_c = \frac{(n\gamma\beta^2)^{-N} - n\gamma\beta^2}{1 - n\gamma\beta^2} n^N V_c, \tag{8.7}$$

其中最后一层消耗的流量 V_c 是固定值.

由于 $N \gg 1$, 而子分支数量 n 往往是比较小的 (见图 8.2(a)、(b)), 因此 $n\gamma\beta^2 < 1$. 在这种情况下, 式 (8.7) 可以近似为

$$V \approx \frac{(n\gamma\beta^2)^{-N}}{1 - n\gamma\beta^2} n^N V_c = \frac{(\gamma\beta^2)^{-N}}{1 - n\gamma\beta^2} V_c \propto (\gamma\beta^2)^{-N}. \tag{8.8}$$

根据假设 ③ 的输运流体能量最小化准则, 总流量 V 与体重 M 具有正比关系

$$V \propto M. \tag{8.9}$$

将式 (8.8)、式 (8.9) 代入式 (8.5) 可以得到代谢率与体重的标度指数

$$\alpha = -\ln n / \ln(\gamma\beta^2). \tag{8.10}$$

根据假设 ①, 分形分支网络会充满生物体空间, 以确保所有细胞都由毛细管服务. 由于 $r_k < l_k/2$ (见图 8.2(d)), 在把第 k 层的分支看成一个球体时, 它们占用的总体积就可以近似为 $(4/3)\pi(l_k/2)^3 N_k$. 当 k 很大时, 相邻层次分支的近似体积就很相近, 即

$$(4/3)\pi(l_k/2)^3 N_k \approx (4/3)\pi(l_{k+1}/2)^3 N_{k+1}. \tag{8.11}$$

由于 $\gamma = l_{k+1}/l_k$, 上式就可以写成

$$\gamma^3 = (l_{k+1}/l_k)^3 \approx N_k/N_{k+1} = 1/n. \tag{8.12}$$

如果分支都是刚性管道, 流体能等速输运的前提就是分支的横截面积要等于其子分支的横截面积之和 (见图 8.2(b)), 即

$$\pi r_k^2 = n\pi r_{k+1}^2. \tag{8.13}$$

根据 $\beta = r_{k+1}/r_k$, 上式可以写成

$$\beta^2 = (r_{k+1}/r_k)^2 = 1/n. \tag{8.14}$$

将式 (8.12)、式 (8.14) 代入式 (8.10), 就可以得到代谢率与体重的标度指数 $\alpha = 3/4$, 即 $B \propto M^{3/4}$, 这为 Kleiber 定律提供了一种解释. 但该模型的一些假设过于严格, 例如假设网络必须是规则的分形分支, 但没有明显分支构造的单细胞藻类及原生质生物的代谢率和个体大小也遵循 Kleiber 定律. 又如假设各级分支管道的半径是不变的, 但这种假设无法解释维管植物的某些特性, 例如树高难

以超过 100 m 的问题. West 等后续又建立了两个 Kleiber 定律解释模型, 一个是完全建立在分形几何基础之上的模型[118], 加入了一个额外的第四维度而不需要依赖规则的分形网络; 另一个是专门针对维管植物生长的模型[119], 让分支管道逐渐细化以解释最大树高问题. 总体来看, West 等建立的 Kleiber 定律解释模型都比较复杂, 依赖的特殊条件较多.

8.1.3 最优输运网络模型

相对于 West 等建立的 Kleiber 定律解释模型, Banavar 等建立的最优输运网络模型[120] 更为简洁. 他们认为自然界中任何输运流量的网络都会自组织地趋于某种效率最优的连接方式. 以生物系统为例, 新陈代谢所需营养从一个源头通过网络输运到身体的各个位点, 这些位点是均匀充满整个有机体内的, 总数量为

$$\mathcal{N} = \mathcal{L}^D, \tag{8.15}$$

其中 $\mathcal{L}$ 是系统长度, D 是输运网络的空间维度.

由于在单位时间内每个位点都需要接受营养, 因此代谢率为

$$B \propto \mathcal{N} = \mathcal{L}^D. \tag{8.16}$$

另外, 生物体在任何时间的总流量 V（正比于体重 M, 见式 (8.9)）取决于输运网络的容量 C. Banavar 等假设生物体内的位点之间是局域连接的, 即位点只和自己的一个或多个近邻位点相连, 如图 8.3(a) 所示, 其中 0 代表源点, 1 代表从源点连接的第一级邻居位点, 以此类推. 显然, 图 8.3(d) 中从源头开始用一条路径依次连接所有位点的网络是承担总流量（即网络容量）最大、效率最低的网络, 其总流量为

$$V = C = \frac{\mathcal{N}(\mathcal{N} - 1)}{2} V_c \sim \mathcal{L}^{2D} V_c, \tag{8.17}$$

其中 V_c 是每个位点接收的相等流量, 是一个常数.

上述低效网络之所以低效, 是因为该网络中从源头到所有位点（包括源点自身）的平均距离 $(\mathcal{N} - 1)/2$ 是最大的. 反之, 如果从源头到所有位点的平均距离最小, 那么网络的输运效率就是最高的. 从拓扑角度来看, 直接从源点直线连接所有位点形成星型网络, 这样连接的平均距离肯定最小. 此外, 由于系统中的位点是均匀分布的, 此时从源头到所有位点的平均距离会正比于系统的半径. 但生物体是不会这样高成本连接的, 这也是 Banavar 等假设生物体内位点之间局域连接的原因. 在这种位点局域连接的情况下, 能使源头到每个位点距离都最小的网络是最短路径树, 见图 8.3(c). 对于最短路径树, 从源头到所有位点的平均距离 $\bar{\mathcal{L}}$ 会与系统半径近似成正比①, 此时生物的体重就可以写为

---

① 严格的证明见文献 [120] 的补充材料.

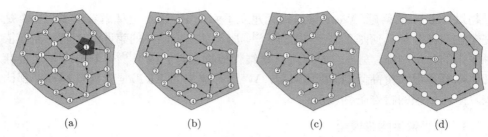

图 8.3　输运网络示意图[120]

(a) ~ (c) 构建最优网络的过程；(d) 最低效网络结构

$$M \propto C = V \sim \mathcal{N}\bar{\mathcal{L}}V_c \propto \mathcal{L}^D \mathcal{L} V_c \propto \mathcal{L}^{D+1}. \tag{8.18}$$

合并式 (8.18) 和式 (8.16) 就可以得到

$$B \propto M^{D/(D+1)}. \tag{8.19}$$

对于维度 $D = 3$ 的生物，式 (8.19) 中的标度指数就是 $3/4$. 而对于维度 $D = 2$ 的河流，标度指数则为 $2/3$（见图 8.4(a)），其中变量 B 指的是河流流域在固定时段的降水汇聚量，$V \propto M$ 就是河流的总流量. 更有趣的是，在人工制成的连续滴水槽一维系统中也具有类似的异速生长律——水槽长度与总流量的 $1/2$ 次幂成正比（见图 8.4(b)），这也与式 (8.19) 相符①. 上述结果说明，最优输运网络模型不仅比分形分支网络模型的假设更少，还可以解释不同维度系统中的异速生长现象.

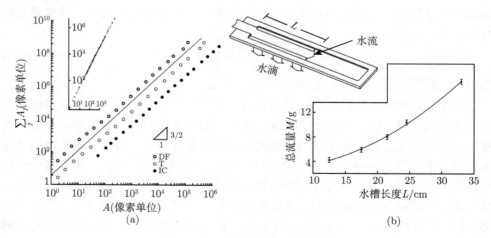

图 8.4　低维系统的异速生长律

(a) 三条河流的异速生长律[120]；(b) 人造连续滴水槽的异速生长律，曲线为 $M \propto L^2$ [121]

① 也与式 (8.17) 相符，因为一维滴水槽中最短路径树就是从源头开始用一条路径依次连接所有滴水点的.

8.2 城市异速生长

8.2.1 实证研究

异速生长律不仅在自然系统中存在, 在城市系统中也广泛存在. 城市的一些基础设施属性 (例如城市面积、道路容量[①]) 与城市人口数量之间具有亚线性增长关系, 而城市的一些社会经济属性 (例如收入、GDP、犯罪量) 则与城市人口数量之间具有超线性增长关系, 见表 8.1 和图 8.5. 这意味着大城市比小城市更节省人

表 8.1　城市异速生长的部分实证数据 [122−124]

	城市属性 Y	标度指数 β	95% 置信区间	城市数量	国家	年份
基础设施属性	城市面积	0.63	[0.62,0.64]	329	美国	1980 ~ 2000 年
	加油站数量	0.77	[0.74,0.81]	318	美国	2001 年
	道路容量	0.85	[0.81,0.89]	451	美国	2006 年
个体需求	住宅总数	1.00	[0.99,1.01]	316	美国	1996 年
	家庭用电总量	1.00	[0.94,1.06]	377	德国	2002 年
社会经济属性	收入	1.12	[1.07,1.17]	363	美国	1969 ~ 2009 年
	GDP	1.13	[1.11,1.15]	363	美国	2006 年
	犯罪量	1.16	[1.11,1.19]	287	美国	2003 年
	艾滋病新病例数	1.23	[1.17,1.29]	93	美国	2002 ~ 2003 年
	专利数量	1.27	[1.22,1.32]	331	美国	1980 ~ 2001 年
	研发人员数量	1.34	[1.29,1.39]	266	美国	2002 年

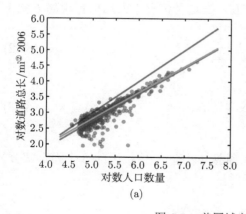
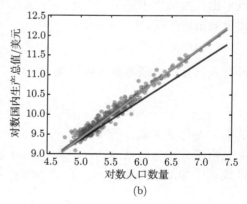

(a)　　　　　　　　　(b)

图 8.5　美国城市的异速生长律[124]

(a) 道路容量 A_n 与人口 N 的标度关系 $A_n \sim N^{0.849}$, 上方直线斜率为 1; (b) GDP 与人口 N 的标度关系 $Y \sim N^{1.126}$, 下方直线斜率为 1

---

① 此处的道路容量是指各段道路的长度乘以车道数的总和, 有时也被称为道路面积或道路总长.

② 1 mi=1.609344 km.

均基础设施量，却能获得更多的人均产出与财富，但遭遇犯罪活动、感染传染病的可能性也更大. 当然，城市中还有一些属性是随城市人口数量线性增长的，例如住宅总数和家庭用电总量，见表 8.1 中的个体需求部分. 上述实证结果暗示着不受个体交互影响的城市属性更倾向于匀速生长，而异速生长的城市属性则很可能与个体之间的交互有关.

8.2.2 城市运转模型

为解释城市异速生长律，Bettencourt 建立了一个考虑个体交互的城市运转（city operation，CO）模型[124]. 该模型假设两人之间的交互发生在局部区域中，占用的平均面积为 $\bar{a}$，二者交互的平均社会产出①为 $\bar{g}$. 那么，一个人平均的总社会产出就是

$$y = \bar{g}\bar{a}\frac{N}{A}, \tag{8.20}$$

其中 N 是城市的人口总量，A 是城市面积，N/A 是城市人口密度，$\bar{a}N/A$ 就是与这个人交互的总人数.

将式 (8.20) 乘以人口总量就可以得到城市的总社会产出量

$$Y = yN = \bar{g}\bar{a}\frac{N^2}{A}. \tag{8.21}$$

CO 模型进一步假设城市内人的交互是完全混合的，即每个人都能以相同的概率出行到城市中任何一个地点与别人交互，在这种情况下人均出行距离 l 就正比于城市的半径：

$$l \propto A^{1/2}, \tag{8.22}$$

所有人出行的总成本就可以写为

$$\mathcal{T} = \varepsilon l N \propto A^{1/2}N, \tag{8.23}$$

其中 ε 是固定参数.

由于人均出行成本 $\mathcal{T}/N$ 与人均收入预算（社会产出 y 中的一个固定部分）是成正比的，结合式 (8.20) 和式 (8.23) 可得

$$\frac{\mathcal{T}}{N} \propto l \propto A^{1/2} \propto y \propto \frac{N}{A}, \tag{8.24}$$

即

$$A \propto N^{2/3}, \tag{8.25}$$

① 社会产出可能是正向的（例如收入、GDP），也可能是负向的（例如犯罪）.

这说明 CO 模型中的城市面积是随人口总数亚线性增长的，其中标度指数 $2/3 \approx 0.67$，与表 8.1 中城市面积与人口之间的标度指数 0.63 较为接近.

将式 (8.25) 代入式 (8.21) 就可以得到

$$Y \propto N^{4/3}, \tag{8.26}$$

这说明 CO 模型中的城市社会产出量是随人口总数超线性增长的，标度指数为 $4/3 \approx 1.33$，但与表 8.1 中一些社会经济属性（收入、GDP）的标度指数还有一定差异.

针对上述问题，Bettencourt 通过加入城市道路网络对 CO 模型进行了扩展. 他假设个体交互出行都是通过城市道路网络完成的，即将式 (8.21) 中的城市面积 A 替换为道路面积（容量）A_n，得到

$$Y \propto \frac{N^2}{A_n}. \tag{8.27}$$

由于在人口随机分布的城市中每个人占据的城市面积是 A/N，因此每个人与最近邻居之间的平均距离就是 $(A/N)^{1/2}$，这也是城市人均道路长度. 如果假设所有道路宽度都是相同的，那么 $(A/N)^{1/2}$ 也可以表示人均道路面积，此时道路总面积就可以写为

$$A_n \propto N(A/N)^{1/2} \propto (AN)^{1/2}. \tag{8.28}$$

结合式 (8.25)、(8.27)、(8.28) 就可以得到

$$Y \propto N^2/A_n \propto N^2(AN)^{-1/2} \propto N^2(N^{2/3}N)^{-1/2} \propto N^{7/6}, \tag{8.29}$$

其中标度指数 $7/6 \approx 1.17$，与表 8.1 中收入、GDP 与人口之间的标度指数 1.12、1.13 较为接近.

再将式 (8.29) 代入式 (8.27)，还可以得到

$$A_n \propto N^2/Y \propto N^2N^{-7/6} \propto N^{5/6}, \tag{8.30}$$

其中标度指数 $5/6 \approx 0.83$，与表 8.1 中道路容量与人口之间的标度指数 0.85 很接近.

Bettencourt 又引入城市分形维数[①]（$1 < D < 2$）对 CO 模型进行了进一步扩展，以覆盖更广的城市异速生长标度指数. 他认为在分形城市中人的出行路径就不再是直线形式，因此人均出行距离 l 也不再是正比于城市的半径 $A^{1/2}$，而是

$$l \propto A^{\frac{1}{D}}. \tag{8.31}$$

[①] 这种引入是合理的，因为实际城市大多是分形的，见 5.3.1 小节.

将其代入式 (8.24) 后可得

$$A \propto N^{\frac{D}{1+D}}. \tag{8.32}$$

另外,每个人与最近邻居之间的平均距离也不再是 $(A/N)^{1/2}$,而是 $(A/N)^{1/D}$,此时道路面积为

$$A_n \propto N(A/N)^{\frac{1}{D}} \propto A^{\frac{1}{D}} N^{\frac{D-1}{D}}. \tag{8.33}$$

将式 (8.32) 代入式 (8.33) 可得

$$A_n \propto N^{\frac{1}{1+D}} N^{\frac{D-1}{D}} = N^{\frac{D^2+D-1}{D^2+D}} = N^{1-\frac{1}{D^2+D}}, \tag{8.34}$$

标度指数介于 0.5 到 $5/6 \approx 0.83$ 之间.

再将式 (8.34) 代入式 (8.27) 可得

$$Y \propto N^{1+\frac{1}{D^2+D}}, \tag{8.35}$$

标度指数介于 $7/6 \approx 1.17$ 到 1.5 之间,进一步扩展了 CO 模型能覆盖的标度指数范围.

8.2.3 类比生物模型

Samaniego 和 Moses 将城市类比为 8.1 节中异速生长的生物,建立了城市异速生长模型来解释城市面积、人口数量、汽车行驶里程等城市属性之间的标度关系[125]. 他们先假设二维的城市和三维的生物类似:整个城市里只有一个中心,就像动物的心脏;所有人都会沿着树状的道路网络在家和市中心之间通勤(见图 8.6(a)),就像血液从心脏逐层流动到每个细胞那样(见图 8.2(a) 和图 8.3(c));城市的面积 A 就相当于动物的体积(正比于代谢率 B,见式 (8.16));城市的人口数量 N 就相当于动物的细胞数量;城市中某个时段所有人的出行总里程 L 就相当于动物体内的总血流量(即体重,见式 (8.18)). 因此,二维城市的面积 A 与出行总里程 L 之间就具有与三维生物代谢率随总流量异速生长类似的关系

$$L \propto \rho A^{3/2} = N A^{1/2}, \tag{8.36}$$

其中 $\rho = N/A$ 是人口密度.

式 (8.36) 可以这样理解:在中心化(centralized)城市中,均匀分布的人口都是在家与市中心之间通勤的,因此人均出行距离 l 就正比于城市的半径 $A^{1/2}$,故城市出行总里程 $L = Nl$ 就正比于 $NA^{1/2}$. 这实际上是从中心化城市的角度导出了和三维生物(或二维河流)一致的异速生长律 $A \propto L^{D/(D+1)}$. 此外,$L/A^{1/2}$ 还可以看作是城市出行的相对里程 L',它与城市人口数量 N 具有线性关系:

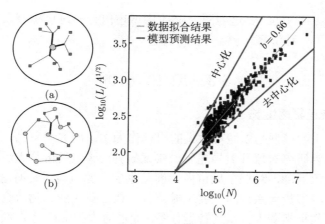

图 8.6　城市类比生物模型[125]

(a) 中心化城市示意图；(b) 去中心化城市示意图；(c) 汽车相对行驶里程与城市人口总量的标度关系

$$L' = L/A^{1/2} \propto N. \tag{8.37}$$

Samaniego 和 Moses 用美国 425 个城市的人口、面积、日均汽车行驶总里程①数据对式 (8.37) 进行了验证，结果见图 8.6(c)．从图中可以看到，出行相对里程与城市人口之间具有异速生长关系，标度指数为 0.66，但和式 (8.37) 中的标度指数 1 还有较大差别．这是由于在真实城市中人们并不是像血液循环那样只在家与市中心之间往返，日常生活中还会去一些离家很近的地点．

针对上述问题，Samaniego 和 Moses 又考虑了一种去中心化（decentralized）城市，其中所有人都只会到距离自己最近的地点出行，见图 8.6(b)．在人口均匀分布的情况下，去中心化城市人均出行距离的平方（即出行的范围）就等于人均城市面积：

$$l^2 = A/N, \tag{8.38}$$

此时的城市出行相对里程为

$$L' = L/A^{1/2} \propto Nl/A^{1/2} = N(A/N)^{1/2}/A^{1/2} = N^{1/2}, \tag{8.39}$$

异速生长标度指数为 1/2.

从图 8.6(c) 中可以看到，真实城市出行相对里程与人口之间的异速生长标度指数介于中心化城市的标度指数 1 和去中心化城市的标度指数 1/2 之间．Samaniego 和 Moses 认为这是由于实际城市中人们的出行一部分去往市中心，另一部分则去往近距离地点，因此可以将城市出行相对里程与人口之间的标度关系写为

$$L' \propto N^\alpha, \tag{8.40}$$

---

① 美国多数城市的出行主要使用汽车，因此 Samaniego 和 Moses 用汽车行驶总里程来近似城市出行总里程.

其中标度指数 $\alpha \in [0.5, 1]$. 这为图 8.6(c) 中城市出行相对里程随人口数量异速生长的现象提供了一种解释.

8.3 应用示例

8.3.1 城市货运异速生长

前述类比生物模型是以城市中人的出行作为实证研究对象的, 本小节则以城市货运出行作为研究对象开展异速生长实证研究. 城市货运是满足城市社会经济发展需求的物流活动, 对保证城市内的商品供应、原材料运输有着重要作用. 其中重型卡车是城市货运系统的重要组成部分, 在工业企业、物流仓储、港口码头和综合市场之间承担着大批量的货运任务. 通过对中国 335 个地级及以上城市的重型卡车数据[74] 进行统计分析, 发现重型卡车出行属性与城市人口之间存在多种异速生长关系. 图 8.7展示了重型卡车出行相对里程与城市人口之间的异速生长关系, 其中标度指数约为 0.68, 这与图 8.6(c) 中美国城市汽车行驶相对里程与人口的异速生长标度指数 0.66 非常接近.

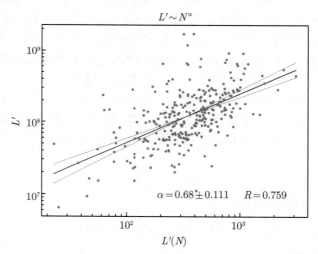

图 8.7   重型卡车出行相对里程与城市人口之间的异速生长关系[126]

图 8.8展示了重型卡车出行总次数 (反映了货运的社会经济产出) 与城市人口之间的异速生长关系, 标度指数约为 1.08; 图 8.9展示了重型卡车数量 (属于货运的基础设施) 与城市人口之间的异速生长关系, 标度指数约为 0.95. 尽管这二者均服从异速生长律, 但其标度指数不能被 CO 模型的标度指数范围涵盖 (见式 (8.34) 和式 (8.35)), 这说明还需建立更普适的模型来解释包括货运属性异速生长在内的城市异速生长现象.

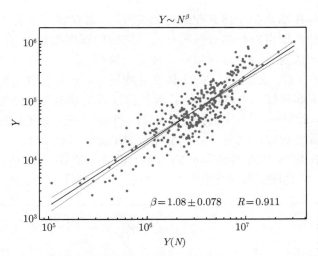

图 8.8　重型卡车出行总次数与城市人口之间的异速生长关系[126]

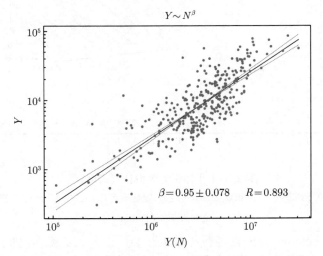

图 8.9　重型卡车数量与城市人口之间的异速生长关系[126]

8.3.2　部分人口混合城市运转模型

　　CO 模型假设城市内个体的交互是完全混合的, 即个体可以相同概率出行到城市任何地点去交互, 此时的个体平均出行距离 l 正比于城市半径 $A^{1/2}$（见式 (8.22)）. 这与类比生物模型中的中心化城市个体平均出行距离正比于城市半径的关系在数学形式上是完全一样的（尽管中心化城市个体只能出行到市中心）. 虽然 CO 模型后续又加入了道路网络面积和城市分形维数等因素, 但仍未摆脱人口完全混合这一假设. 而式 (8.40) 已经说明完全混合交互只是个体交互的一种极端，另一种极端则是个体只与最近邻交互[1]. 真实城市中的个体交互介于这两者之间，这使得城市出行相对里程与人口之间的标度指数 α 介于 0.5 到 1 之间. Barthélemy 认为式 (8.40) 可以用个体引力模型 $p(x) \propto x^{-\tau}$（见 3.3 节）来解释[127]，其中 $p(x)$ 是与距离为 x 的个体交互的概率，τ 是参数. 当 $\tau \to 0$ 时，到所有地点的概率都相等，个体可以出行到任何地点与其他个体交互，这就是人口完全混合状态，此时 $\alpha = 1$；而当 $\tau \to \infty$ 时，个体只能去最近的地点交互，这就是人口完全不混合状态，此时 $\alpha = 0.5$. 图 8.10 展示了对个体引力模型进行仿真后得到的标度指数 α 与距离参数 τ 的关系，以及 τ 在不同取值下出行相对里程 L' 与城市人口 N 之间的异速生长关系，这进一步验证了式 (8.40) 假设的合理性.

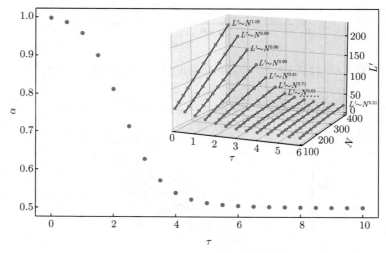

图 8.10   个体引力模型仿真结果[126]

图中圆点是参数 τ 在不同取值下标度指数 α 的取值. 插入图是 τ 在不同取值下出行相对里程 L' 与城市人口 N 之间的异速生长关系

尽管 Barthélemy 并未直接解释城市社会产出与人口数量之间超线性标度关系的形成机制，但他在人口混合程度与城市异速生长标度指数之间建立了一座桥梁. 受此启发，本小节建立了一个部分人口混合城市运转（partially mixing population city operation，PMPCO）模型. 首先将类比生物模型的结果（式 (8.40)）与最初的 CO 模型（式 (8.24)）融合在一起，即

$$\mathcal{T} \propto Nl = L = L'A^{1/2} \propto A^{1/2}N^{\alpha} \propto Ny \propto Y \propto N^2/A, \qquad (8.41)$$

由此可得城市面积

$$A \propto N^{\frac{4-2\alpha}{3}} = N^{1-\frac{2\alpha-1}{3}}, \qquad (8.42)$$

---

① 即完全不混合交互，此时个体平均出行距离正比于人均面积的半径，见式 (8.38).

标度指数介于 $2/3 \approx 0.67$ 到 1 之间. 在人口完全不混合（$\alpha = 0.5$）时, 城市面积 A 正比于人口数量 N；在人口完全混合（$\alpha = 1$）时, 城市面积 A 正比于 $N^{2/3}$. 这说明城市人口混合程度越高, 城市内单位面积所承载的人口数量就越多.

再将式 (8.42) 代入式 (8.41), 就可以得到城市社会产出

$$Y \propto N^{1 + \frac{2\alpha - 1}{3}}, \tag{8.43}$$

标度指数介于 1 到 $4/3 \approx 1.33$ 之间, 涵盖了重型卡车出行总次数（见图 8.8）、收入、GDP、犯罪量、专利数量（见表 8.1）等社会经济属性与城市人口数量之间的超线性标度指数. 这表明人口混合程度越高, 城市内人均交互量就越多, 城市社会产出与城市人口之间的超线性标度关系也越强.

尽管目前的 PMPCO 模型已经可以解释很多社会经济属性异速生长现象, 但模型中城市面积的异速生长标度指数还无法涵盖表 8.1 中相应的标度指数 0.63. 为扩展 PMPOC 模型的标度指数范围, 可以像 CO 模型那样引入城市分形维数 $1 < D < 2$, 此时式 (8.41) 可改写为

$$\mathcal{T} \propto Nl = N(A/N^{\gamma})^{1/D} \propto Y \propto N^2/A, \tag{8.44}$$

其中 $0 \leqslant \gamma \leqslant 1$ 是参数, 当人口完全混合时, $\gamma = 0$；当人口完全不混合时, $\gamma = 1$.

求解上式可以得到城市面积

$$A \propto N^{\frac{\gamma + D}{1 + D}} = N^{1 - \frac{1 - \gamma}{1 + D}}, \tag{8.45}$$

标度指数介于 0.5 到 1 之间, 涵盖了表 8.1 中城市面积的异速生长标度指数 0.63.

再将式 (8.45) 代入式 (8.44) 可以得到城市社会产出

$$Y \propto N^{1 + \frac{1 - \gamma}{1 + D}}, \tag{8.46}$$

标度指数介于 1 到 1.5 之间, 涵盖了表 8.1 中所有的社会经济属性异速生长标度指数.

8.3.3 多源输运网络模型

前述 PMPCO 模型得到的城市面积异速生长指数范围可以涵盖很多实证研究[①]中城市面积的异速生长标度指数. 此外, 直观看上去, PMPCO 模型还可以解释重型卡车数量、加油站数量等与城市面积密切相关的城市基础设施异速生长现象, 但对这些多样性的亚线性生长标度指数及其背后的形成机制仍缺乏解释.

事实上, 加油站这类基础设施非常类似生物输运营养的源头（心脏、树干等）, 都是给不同位点提供服务的. 但和生物输运网络大多只有一个源头不同, 城市中

---

① 文献 [124] 的补充材料中列举了 12 组城市面积异速生长实证数据, 标度指数取值在 0.57 到 0.96 之间.

物质的输运并不只是从一个源头出发的. 其中最直观的例子就是加油站——城市中不止有一个加油站，需要加油的车辆大多会去往最近的加油站加油. 对于重型卡车出行也类似，卡车大多是从一些企业、港口或仓库出发将货物运往各地. 因此，可以将 8.1.3 小节的单源头输运网络（single-source transportation network，STN）模型扩展为多源头输运网络（multisource transportation network，MTN）模型，用来解释城市基础设施的异速生长现象.

MTN 模型假设 MTN 的源头数量 m 与位点数量 B （正比于系统的流入流出量）之间具有标度关系

$$m = B^n, \tag{8.47}$$

其中 n 是标度指数. 当 $n = 0$ 时，$m = 1$，MTN 退化为 STN；当 $n = 1$ 时，$m = B$，MTN 由 B 个不连通的位点组成；当 $0 < n < 1$ 时，MTN 包含 $1 < m < B$ 个子 STN. 每个子 STN 中包含的平均位点数量为

$$\mathcal{L}^D/m = \mathcal{L}^D/B^n = \mathcal{L}^D/\mathcal{L}^{nD} = \mathcal{L}^{D-nD}, \tag{8.48}$$

其中 $\mathcal{L}$ 是系统的长度，D 是空间维度，系统的位点数 $B = \mathcal{L}^D$.

由于最优 STN 是最短路径树（见 8.1.3 小节），从源头到位点的平均距离 $\bar{\mathcal{L}}$ 正比于 STN 的半径，即

$$\bar{\mathcal{L}} \propto (\mathcal{L}^{D-nD})^{1/D} = \mathcal{L}^{1-n}. \tag{8.49}$$

此时 MTN 的总容量[①]就是

$$C \propto B\bar{\mathcal{L}} = \mathcal{L}^D \bar{\mathcal{L}} \propto \mathcal{L}^{D+1-n} = B^{(D+1-n)/D}, \tag{8.50}$$

或写为

$$B \propto C^{D/(D+1-n)}, \tag{8.51}$$

对于二维城市，MTN 模型覆盖的标度指数范围介于 2/3 到 1 之间；对于分形城市，标度指数范围介于 1/2 到 1 之间.

此处在二维空间中对 MTN 模型进行仿真，以验证模型的假设. 具体步骤如下：

(1) 随机在 $\mathcal{L} \times \mathcal{L}$ 的正方形中放置 B 个位点，$B = \mathcal{L}^2$（图 8.11(a) 中给出了一个位点数 $B = 25$ 的示例）；

(2) 设置源头数量 $m \propto B^n$（图 8.11(a)、(d) 中设置的源头数量分别为 1 个和 5 个）；

---

① 即网络中的总流量 V，对于生物正比于体重 M，见 8.1.3 小节，对于城市则正比于人口数量 N，见 8.2.2 小节.

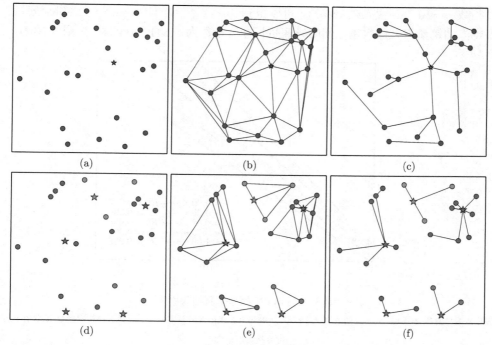

图 8.11　MTN 模型仿真过程示意图[128]

(3) 用 K-means 空间聚类算法将位点分成 m 个团簇，并取距离团簇中心最近的位点作为源头（见图 8.11 中的五角星）；

(4) 将每个团簇中的位点连接为 Delaunay 图（见图 8.11(b)、(e)）；

(5) 以每个 Delaunay 图的源点为根生成最短路径树（见图 8.11(c)、(f)）；

(6) 计算所有最短路径树的容量得到 MTN 的总容量 C. 计算方法是先对每棵最短路径树计算每个位点到源头的最短路径中所包含的位点数，然后对这些最短路径包含的位点数求和，最后再对每棵树所有最短路径包含的位点数求和.

根据以上步骤计算 B 和 n 在不同取值下 MTN 的总容量 C，仿真结果见图 8.12，从中可以看到仿真结果与式 (8.50) 的理论结果非常吻合，说明 MTN 模型的假设（式 (8.47)）是合理的，因此 MTN 模型就可以用来解释城市多源基础设施异速生长现象.

首先以容易理解的加油站为例来展示 MTN 模型的实际应用，此时 MTN 的源头数量 m 就是加油站数量，流出量 B 就是汽油销量. 通过统计美国加州各郡的加油站数量和汽油销量①的关系，发现二者具有标度关系 $m \sim B^{0.787}$，见图 8.13(a). 将标

① 数据来源于 https://www.energy.ca.gov/data-reports/energy-almanac/transportation-energy/california-retail-fuel-outlet-annual-reporting.

度指数 $n = 0.787$ 代入式 (8.51)，可以得到 $B \sim C^{2/(3-0.787)} \sim C^{0.904}$. 实际统计的各郡汽油销量与人口数量之间的异速生长标度指数为 0.841 ± 0.047，见图 8.13(b).

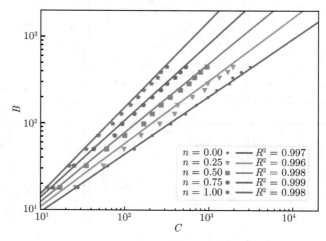

图 8.12　MTN 模型仿真结果[128]

图中点是位点数 B 和参数 n 不同取值下总容量 C 的仿真结果，直线斜率是 MTN 模型在相应参数 n 取值下的标度指数理论值

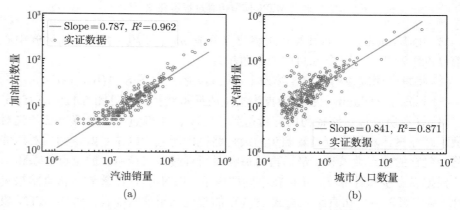

图 8.13　MTN 模型在加油站系统中的应用[128]

(a) 加油站数量与汽油销量的标度关系；(b) 汽油销量与城市人口数量的标度关系

　　再回到本节关注的重型卡车数量与城市人口之间的异速生长标度指数. 此时 MTN 的源头数量通过以下方法计算：首先从原始的重型卡车轨迹数据中提取城市内每辆卡车的出行链，然后把距离出行链中停留地点最近的企业视为货物装卸企业，最后把每辆卡车出行链中出现次数最多的企业视为该卡车的出行源头，注意每个出行源头中可能包含多辆卡车. MTN 的流出量可以用一个城市的重型卡

车数量来表示. 图 8.14(a) 展示了用上述方法计算出的中国地级及以上城市的重型卡车出行源头数量与重型卡车数量的标度关系 $m \sim B^{0.96}$，据此可计算出 $B \sim C^{2/(3-0.96)} \sim C^{0.98}$，这与实际统计的中国城市重型卡车数量与人口数量之间的异速生长标度指数 0.95 ± 0.078（见图 8.14(b) 及图 8.9）较为接近.

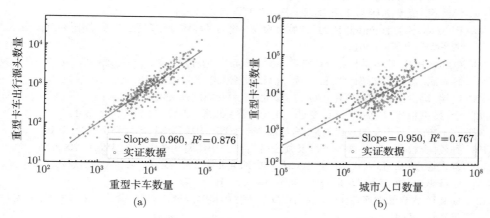

图 8.14　MTN 模型在重型卡车系统中的应用[128]

(a) 重型卡车出行源头数量与重型卡车数量的标度关系；(b) 重型卡车数量与城市人口数量的标度关系

　　上述结果说明，一方面，相较于 CO 模型和 PMPCO 模型，MTN 模型考虑了实际城市中基础设施的多源输运特征，可以为城市基础设施异速生长现象提供更合理的解释；另一方面，PMPCO 模型相对于引入道路网络面积的 CO 模型，得到的城市面积和社会产出异速生长标度指数范围更广，可以涵盖更多的城市地理和社会经济属性异速生长实证研究结果. 因此，将 PMPCO 模型和 MTN 模型融合在一起，不仅有助于从整体上理解城市货运系统发展动态及其形成机制，为科学制定城市货运系统规划和管理政策提供理论参考，还可以为城市、社会甚至自然系统①中的异速生长律提供新的研究框架与视角.

习　　题

1. 编程：搜集具有异速生长特征的数据，估计其标度指数并绘图.

2. 思考：所搜集数据中异速生长的形成机制是什么？

3. 扩展：阅读书籍《规模：复杂世界的简单法则》[20] 和《规模法则：探索从细胞到城市的普适规律》[27].

---

① 例如，MTN 模型还可以解释水系的异速生长现象，而 STN 模型只能解释单条河流的异速生长现象，见文献 [120].

参 考 文 献

[1] Mandl F. 统计物理学. 范印哲, 译. 北京: 人民教育出版社, 1981.

[2] Alonso M, Finn E J. 大学物理学基础第三卷: 量子物理学与统计物理学. 梁宝洪, 译. 北京: 人民教育出版社, 1981.

[3] 苏汝铿. 统计物理学. 2 版. 北京: 高等教育出版社, 2004.

[4] Blundell S J, Blundell K M. 热物理概念: 热力学与统计物理学. 2 版. 鞠国兴, 译. 北京: 清华大学出版社, 2015.

[5] Callen H B. 热力学和热统计物理导论. 试读版. 超理汉化组, 译. 超理论坛, 2017.

[6] 林宗涵. 热力学与统计物理. 2 版. 北京: 北京大学出版社, 2018.

[7] 冯端, 冯少彤. 溯源探幽: 熵的世界. 北京: 科学出版社, 2016.

[8] 于渌, 郝柏林, 陈晓松. 边缘奇迹: 相变与临界现象. 北京: 科学出版社, 2016.

[9] 马上庚. 临界现象的现代理论. 马红孺, 译. 合肥: 中国科学技术大学出版社, 2016.

[10] 孙霞, 吴自勤, 黄畇. 分形原理及其应用. 合肥: 中国科学技术大学出版社, 2003.

[11] 刘式达, 梁福明, 刘式适, 等. 自然科学中的混沌和分形. 北京: 北京大学出版社, 2003.

[12] 张济忠. 分形. 2 版. 北京: 清华大学出版社, 2011.

[13] Bak P. 大自然如何工作: 有关自组织临界性的科学. 李炜, 蔡勖, 译. 武汉: 华中师范大学出版社, 2001.

[14] Cover T M, Thomas J A. 信息论基础. 阮吉寿, 张华, 译. 北京: 机械工业出版社, 2005.

[15] 何大韧, 刘宗华, 汪秉宏. 复杂系统与复杂网络. 北京: 高等教育出版社, 2009.

[16] Ball P. 预知社会: 群体行为的内在法则. 暴永宁, 译. 北京: 当代中国出版社, 2010.

[17] 汪小帆, 李翔, 陈关荣. 网络科学导论. 北京: 高等教育出版社, 2012.

[18] Cohen R, Havlin S. 复杂网络健壮性. 江逸楠, 译. 北京: 国防工业出版社, 2014.

[19] Zipf G K. 最省力原则: 人类行为生态学导论. 薛朝凤, 译. 上海: 上海人民出版社, 2016.

[20] West G B. 规模: 复杂世界的简单法则. 张培, 译. 北京: 中信出版社, 2018.

[21] 吴金闪. 系统科学导论 (第 I 卷): 系统科学概论. 北京: 科学出版社, 2018.

[22] 吴金闪. 系统科学导论 (第 II 卷): 系统科学的数学物理基础. 北京: 科学出版社, 2019.

[23] 吴军. 数学之美. 3 版. 北京: 人民邮电出版社, 2020.

[24] Barabási A L. 巴拉巴西网络科学. 沈华伟, 黄俊铭, 译. 郑州: 河南科学技术出版社, 2020.

[25] 刘润然, 李明, 吕琳媛, 等. 网络渗流. 北京: 高等教育出版社, 2020.

[26] Parisi G. 随椋鸟飞行: 复杂系统的奇境. 文铮, 译. 北京: 新星出版社, 2022.

[27] 张江. 规模法则: 探索从细胞到城市的普适规律. 北京: 人民邮电出版社, 2023.

[28] Sheffi Y. 城市交通网络: 用数学规划方法进行网络平衡分析. 云辉, 戴香菊, 译. 成都: 西南交通大学出版社, 1992.

[29] 陆化普, 黄海军. 交通规划理论研究前沿. 北京: 清华大学出版社, 2007.

[30] 邵春福. 交通规划原理. 2 版. 北京: 中国铁道出版社, 2014.

[31] 闫小勇. 超越引力定律: 空间交互和出行分布预测理论与方法. 北京: 科学出版社, 2019.

[32] Wilson A G. A statistical theory of spatial distribution models. Transportation Research, 1967, 1(3): 253-269.

[33] Domencich T A, Mcfadden D. Urban Travel Demand: A Behavioral Analysis. Amsterdam: North-Holland, 1975.

[34] Liang X, Zheng X, Lv W, et al. The scaling of human mobility by taxis is exponential. Physica A: Statistical Mechanics and its Applications, 2012, 391: 2135-2144.

[35] Gallotti R, Bazzani A, Rambaldi S. Towards a statistical physics of human mobility. International Journal of Modern Physics C, 2012, 23(09): 1250061.

[36] Jiang B, Jia T. Exploring human mobility patterns based on location information of US flights. 2011, arXiv:1104.4578v2.

[37] Brockmann D, Hufnagel L, Geisel T. The scaling laws of human travel. Nature, 2006, 439: 462-465.

[38] González M C, Hidalgo C A, Barabási A L. Understanding individual human mobility patterns. Nature, 2008, 453: 779-782.

[39] Yan X Y, Han X P, Wang B H, et al. Diversity of individual mobility patterns and emergence of aggregated scaling laws. Scientific Reports, 2013, 3: 2678.

[40] Chalasani V S, Engebretsen Ø, Denstadli J M, et al. Precision of geocoded locations and network distance estimates. Journal of Transportation and Statistics, 2005, 8.2: 1-15.

[41] Shannon C E. A mathematical theory of communication. Bell System Technical Journal, 1948, 27(3): 379-423.

[42] Eagle N, Macy M, Claxton R. Network diversity and economic development. Science, 2010, 328: 1029-1031.

[43] Song C M, Qu Z, Blumm N, et al. Limits of predictability in human mobility. Science, 2010, 327: 1018-1021.

[44] Fano R M. Transmission of Information: A Statistical Theory of Communication. London: John Wiley, 1961.

[45] Lempel A, Ziv J. On the complexity of finite sequences. IEEE Transactions on Information Theory, 1976, 22(1): 75-81.

[46] Beckmann M, McGuire C B, Winsten C B. Studies in the Economics of Transportation. New Haven: Yale University Press, 1956.

[47] Wardrop J G. Some theoretical aspects of road traffic research. ICE Proceedings: Engineering Divisions, 1952, 1(3): 325-362.

[48] Monderer D, Shapley L S. Potential games. Games and Economic Behavior, 1996, 14(1): 124-143.

[49] Simon H A. Theories of Bounded Rationality. Amsterdam: North-Holland Publishing Co., 1972.

[50] Tomlin J A, Tomlin S G. Traffic distribution and entropy. Nature, 1968, 220: 974-976.

[51] Wang H, Yan X Y, Wu J. Free utility model for explaining the social gravity law. Journal of Statistical Mechanics: Theory and Experiment, 2021, (2021): 033418.

[52] 王浩, 闫小勇. 用自由效用模型刻画出行选择行为. 交通运输工程与信息学报, 2022, 20(1): 47-54.

[53] Cruz M A M, Ortiz J P, Ortiz M P, et al. Percolation on fractal networks: A survey. Fractal and Fractional, 2023, 7: 231.

[54] Erdös P, Rényi A. On random graphs I. Publicationes Mathematicae, 1959, 6: 290-297.

[55] Albert R, Jeong H, Barabási A L. Error and attack tolerance of complex networks. Nature, 2000, 406: 378-382.

[56] Barabási A L. The architecture of complexity. IEEE Control Systems Magazine, 2007, 27(4): 33-42.

[57] 涂奉生. 鲁棒 (Robust) 调节器. 信息与控制, 1979, 4: 367-373, 347.

[58] 齐寅峰. 鲁棒调节器的一种设计方法. 信息与控制, 1979, 4: 374-380.

[59] 周立峰. 也谈关于译名的问题. 信息与控制, 1980, 5: 012.

[60] Barabási A L, Albert R. Emergence of scaling in random networks. Science, 1999, 286: 509-512.

[61] Li D, Fu B, Wang Y, et al. Percolation transition in dynamical traffic network with evolving critical bottlenecks. Proceedings of the National Academy of Sciences of the United States of America, 2015, 112: 669-672.

[62] Molinero C, Murcio R, Arcaute E. The angular nature of road networks. Scientific Reports, 2017, 7: 4312.

[63] Mandelbrot B. How long is the coast of Britain? Statistical self-similarity and fractional dimension. Science, 1967, 156: 636-638.

[64] Gilden D L. Cognitive emissions of $1/f$ noise. Psychological Review, 2001, 108(1): 33-56.

[65] Mandelbrot B B, Van Ness J W. Fractional Brownian motions, fractional noises and applications. SIAM Review, 1968, 10(4): 422-437.

[66] Witten T A, Sander L M. Diffusion-limited aggregation. Physical Review B, 1983, 27: 5686.

[67] Bragaa F L, Ribeiro M S. Diffusion limited aggregation: Algorithm optimization revisited. Computer Physics Communications, 2011, 182(8): 1602-1605.

[68] Mly K J, Boger F, Feder J, et al. Dynamics of viscous-fingering fractals in porous media. Physical Review A, 1987, 36(1): 318.

[69] Matsushita M, Sano M, Hayakawa Y, et al. Fractal structures of zinc metal leaves grown by electrodeposition. Physical Review Letters, 1984, 53: 286.

[70] Fujikawa H, Matsushita M. Fractal growth of bacillus subtilis on agar plates. Journal of the Physical Society of Japan, 1989, 58(11): 3875-3878.

[71] Lindenmayer A. Mathematical models for cellular interaction in development I. Filaments with one-sided inputs. Journal of Theoretical Biology, 1968, 18(3): 280-299.

[72] 柏春广, 蔡先华. 南京市交通网络的分形特征. 地理研究, 2008, 27(6): 1419-1426.

[73] Song C, Havlin S, Makse H A. Self-similarity of complex networks. Nature, 2005, 433: 392-395.

[74] Yang Y, Jia B, Yan X Y, et al. Identifying intercity freight trip ends of heavy trucks from GPS data. Transportation Research Part E, 2022, 157: 102590.

[75] Zhang H, Li Z. Fractality and self-similarity in the structure of road networks. Annals of the Association of American Geographers, 2012, 102(2): 350-365.

[76] Lu Z, Zhang H, Southworth F, et al. Fractal dimensions of metropolitan area road networks and the impacts on the urban built environment. Ecological Indicators, 2016, 70: 285-296.

[77] Bak P, Tang C, Wiesenfeld K. Self-organized criticality: An explanation of $1/f$ noise. Physical Review Letters, 1987, 59: 381-384.

[78] Bonabeau E. Sandpile dynamics on random graphs. Journal of the Physical Society of Japan, 1995, 64(1): 327-328.

[79] Goh K I, Lee D S, Kahng B, et al. Sandpile on scale-free networks. Physical Review Letters, 2003, 91: 148701.

[80] Goh K I, Kahng B, Kim D. Universal behavior of load distribution in scale-free networks. Physical Review Letters, 2001, 87: 278701.

[81] Motter A E, Lai Y C. Cascade-based attacks on complex networks. Physical Review E, 2002, 66: 065102.

[82] Reynolds C W. Flocks, herds and schools: A distributed behavioral model. ACM SIG-GRAPH Computer Graphics, 1987, 21(4): 25-34.

[83] Couzin I D, Krause J, James R, et al. Collective memory and spatial sorting in animal groups. Journal of Theoretical Biology, 2002, 218(1): 1-11.

[84] Aoki I. A simulation study on the schooling mechanism in fish. Nippon Suisan Gakkaishi, 1982, 48(8): 1081-1088.

[85] Vicsek T, Czirók A, Ben-Jacob E, et al. Novel type of phase transition in a system of self-driven particles. Physical Review Letters, 1995, 75: 1226-1229.

[86] Ballerini M, Cabibbo N, Candelier R, et al. Interaction ruling animal collective behavior depends on topological rather than metric distance: Evidence from a field study. Proceedings of the National Academy of Sciences of the United States of America, 2008, 105: 1232-1237.

[87] Nagy M, Ákos Z, Biro D, et al. Hierarchical group dynamics in pigeon flocks. Nature, 2010, 464: 890–893.

[88] Zhang H T, Chen Z, Vicsek T, et al. Route-dependent switch between hierarchical and egalitarianstrategies in pigeon flocks. Scientific Reports, 2014, 4: 5805.

[89] Duan H, Huo M, Fan Y. From animal collective behaviors to swarm robotic cooperation. National Science Review, 2023, 10: nwad040.

[90] Musha T, Higuchi H. The $1/f$ fluctuation of a traffic current on an expressway. Japanese Journal of Applied Physics, 1976, 15(7): 1271.

[91] Nagel K, Paczuski M. Emergent traffic jams. Physical Review E, 1995, 51(4): 2909-2918.

[92] Zhang L, Zeng G, Li D, et al. Scale-free resilience of real traffic jams. Proceedings of the National Academy of Sciences of the United States of America, 2019, 116: 8673-8678.

[93] 雷立, 巴可伟. 基于级联失效模型的交通脆弱评估方法. 公路交通科技, 2013, 9: 302-305.

[94] Tero A, Takagi S, Saigusa T, et al. Rules for biologically inspired adaptive network design. Science, 2010, 327: 439-442.

[95] Helbing D, Keltsch J, Molnár P. Modelling the evolution of human trail systems. Nature, 1997, 388: 47-50.

[96] Pareto V. Cours d'Économie Politique. Genève: Librairie Droz, 1897.

[97] Simon H A. On a class of skew distribution functions. Biometrika, 1955, 42: 425-440.

[98] Simkin M V, Roychowdhury V P. Re-inventing Willis. Physics Reports, 2011, 502: 1-35.

[99] Miller G A. Some effects of intermittent silence. The American Journal of Psychology, 1957, 70: 311-314.

[100] Heaps H S. Information Retrieval: Computational and Theoretical Aspects. Cambridge: Academic Press, 1978.

[101] Cancho R F, Solé R V. Least effort and the origins of scaling in human language. Proceedings of the National Academy of Sciences of the United States of America, 2003, 100(3): 788-791.

[102] 周涛, 韩筱璞, 闫小勇, 等. 人类行为时空特性的统计力学. 电子科技大学学报, 2013, 42(4): 481-540.

[103] Oliveira J, Barabási A L. Darwin and Einstein correspondence patterns. Nature, 2005, 437: 1251.

[104] Barabási A L. The origin of bursts and heavy tails in human dynamics. Nature, 2005, 435: 207-211.

[105] Vázquez A, Oliveira J G, Dezsö Z, et al. Modeling bursts and heavy tails in human dynamics. Physical Review E, 2006, 73: 036127.

[106] Zha Y, Zhou T, Zhou C. Unfolding large-scale online collaborative human dynamics. Proceedings of the National Academy of Sciences of the United States of America, 2016, 113(51): 14627-14632.

[107] Yan X Y, Wang W X, Gao Z Y, et al. Universal model of individual and population mobility on diverse spatial scales. Nature Communications, 2017, 8: 1639.

[108] 闫小勇. 城市重型卡车个体群体出行网络统计特征分析. 北京师范大学学报（自然科学版）, 2023, 59(5): 740-748.

[109] Bao J, Zheng Y, Mokbel M. Location-based and preference-aware recommendation using sparse geo-social networking data. Proceedings of the 20th International Conference on Advances in Geographic Information Systems, 2012: 199-208.

[110] Zhao Y M, Zeng A, Yan X Y, et al. Unified underpinning of human mobility in the real world and cyberspace. New Journal of Physics, 2016, 18(5): 053025.

[111] Song C, Koren T, Wang P, et al. Modelling the scaling properties of human mobility. Nature Physics, 2010, 6(10): 818-823.

[112] Yan X Y, Zhao C, Fan Y, et al. Universal predictability of mobility patterns in cities. Journal of The Royal Society Interface, 2014, 11: 20140834.

[113] Huxley J S, Tessier G. Terminology of relative growth. Nature, 1936, 137: 780-781.

[114] Rubner M. On the influence of body size on metabolism and energy exchange. Zeitschrift für Biologie, 1883, 19: 535-562.

[115] Kleiber M. Body size and metabolism. Hilgardia, 1932, 6: 315-353.

[116] Spence A J. Scaling in biology. Current Biology, 2009, 19(2): R57-61.

[117] West G B, Brown J H, Enquist B J. A general model for the origin of allometric scaling laws in biology. Science, 1997, 276: 122-126.

[118] West G B, Brown J H, Enquist B J. The fourth dimension of life: Fractal geometry and allometric scaling of organisms. Science, 1999, 284: 1677-1679.

[119] West G B, Brown J H, Enquist B J. A general model for the structure and allometry of plant vascular systems. Nature, 1999, 400: 664-667.

[120] Banavar J R, Maritan A, Rinaldo A. Size and form in efficient transportation networks. Nature, 1999, 399: 130-132.

[121]   Dreyer O. Allometric scaling and central source systems. Physical Review Letters, 2001, 87: 038101.

[122]   董磊, 王浩, 赵红蕊. 城市范围界定与标度律. 地理学报, 2017, 72(2): 213-223.

[123]   Bettencourt L M A, Lobo J, Helbing D, et al. Growth, innovation, scaling, and the pace of life in cities. Proceedings of the National Academy of Sciences of the United States of America, 2007, 104(17): 7301-7306.

[124]   Bettencourt L M A. The Origins of scaling in cities. Science, 2013, 340: 1438-1441.

[125]   Samaniego H, Moses M E. Cities as organisms: Allometric scaling of urban road networks. Journal of Transport and Land Use, 2008, 1(1): 21-39.

[126]   Lin X J, Liu E J, Yang Y T, et al. Empirical analysis and modeling of the allometric scaling of urban freight systems. Europhysics Letters, 2023, 143: 11002.

[127]   Barthélemy M. Spatail networks. Physics Reports, 2011, 499(1-3): 1-101.

[128]   Jia X Y, Liu E J, Yang Y, et al. A multisource transportation network model explaining allometric scaling. Journal of Statistical Mechanics: Theory and Experiment, 2023: 083404.

附 录

为方便读者查阅，此处简要介绍书中用到的部分数学方法.

附录 A 泰勒公式

如果函数 $f(x)$ 在 $x = x_0$ 时具有任意阶导数，则幂级数

$$f(x_0) + \left(\frac{\mathrm{d}f}{\mathrm{d}x}\right)_{x=x_0} (x - x_0) + \left(\frac{\mathrm{d}^2 f}{2!\mathrm{d}x^2}\right)_{x=x_0} (x - x_0)^2 + \cdots \tag{A1}$$

就是 $f(x)$ 在点 x_0 处的泰勒级数. 当 $x_0 = 0$ 时，上式称为麦克劳林（Maclaurin）级数.

如果函数 $f(x)$ 在包含 x_0 的某个开区间 (a, b) 上具有 $n + 1$ 阶的导数，那么对于该区间中的任一 x 都有

$$f(x) = f(x_0) + \left(\frac{\mathrm{d}f}{\mathrm{d}x}\right)_{x=x_0} (x - x_0) + \cdots + \left(\frac{\mathrm{d}^n f}{n!\mathrm{d}x^n}\right)_{x=x_0} (x - x_0)^n + R_n(x),$$

$$\tag{A2}$$

这被称为泰勒公式（或泰勒展开式），其中 $f(x_0) + \left(\dfrac{\mathrm{d}f}{\mathrm{d}x}\right)_{x=x_0} (x - x_0) + \cdots + \left(\dfrac{\mathrm{d}^n f}{n!\mathrm{d}x^n}\right)_{x=x_0} (x - x_0)^n$ 被称为 n 次泰勒多项式，它与 $f(x)$ 的误差 $R_n(x) = o[(x - x_0)^n]$ 被称为 n 阶泰勒余项.

用泰勒公式可以得到一些常用函数的展开式：

$$(1 - x)^{-1} = 1 + x + x^2 + x^3 + \cdots + x^n + o(x^n)$$

$$\ln(1 + x) = x - \frac{x^2}{2} + \frac{x^3}{3} + \cdots + (-1)^{n+1} \frac{x^n}{n} + o(x^n)$$

$$\mathrm{e}^x = 1 + x + \frac{x^2}{2!} + \frac{x^3}{3!} + \cdots + \frac{x^n}{n!} + o(x^n)$$

$$\sin x = x - \frac{x^3}{3!} + \frac{x^5}{5!} + \cdots + (-1)^n \frac{x^{2n+1}}{(2n+1)!} + o(x^{2n+1})$$

$$\cos x = 1 - \frac{x^2}{2!} + \frac{x^4}{4!} + \cdots + (-1)^n \frac{x^{2n}}{(2n)!} + o(x^{2n})$$

根据以上三式可得欧拉公式 $\mathrm{e}^{\mathrm{i}x} = \cos x + \mathrm{i}\sin x$. 当 $x = \pi$ 时，有 $\mathrm{e}^{\mathrm{i}\pi} + 1 = 0$.

附录 B 阶乘积分

阶乘可以写为积分形式

$$n! = \int_0^\infty x^n \mathrm{e}^{-x} \mathrm{d}x. \tag{B1}$$

这个积分可以通过归纳法证明：首先，当 $n = 0$ 时，有 $0! = 1 = \int_0^\infty x^0 \mathrm{e}^{-x} \mathrm{d}x$；当 $n > 0$ 时，根据分部积分，有

$$\begin{aligned}
\int_0^\infty x^n \mathrm{e}^{-x} \mathrm{d}x &= n \int_0^\infty x^{n-1} \mathrm{e}^{-x} \mathrm{d}x - x^n \mathrm{e}^{-x} \Big|_0^\infty \\
&= n \int_0^\infty x^{n-1} \mathrm{e}^{-x} \mathrm{d}x = n(n-1) \int_0^\infty x^{n-2} \mathrm{e}^{-x} \mathrm{d}x \\
&= \cdots = n(n-1)\cdots(2)1 \int_0^\infty x^0 \mathrm{e}^{-x} \mathrm{d}x = n!,
\end{aligned} \tag{B2}$$

证毕.

附录 C 高斯积分

高斯积分是对高斯函数 $\mathrm{e}^{-\alpha x^2}$ 的积分

$$\int_{-\infty}^\infty \mathrm{e}^{-\alpha x^2} \mathrm{d}x = \sqrt{\frac{\pi}{\alpha}}, \tag{C1}$$

它可以通过求解以下二维积分得到

$$\begin{aligned}
I^2 &= \int_{-\infty}^\infty \mathrm{e}^{-\alpha x^2} \mathrm{d}x \cdot \int_{-\infty}^\infty \mathrm{e}^{-\alpha y^2} \mathrm{d}y = \int_{-\infty}^\infty \int_{-\infty}^\infty \mathrm{e}^{-\alpha(x^2+y^2)} \mathrm{d}x \mathrm{d}y \\
&\xrightarrow{\text{变为极坐标}} \int_0^{2\pi} \mathrm{d}\theta \int_0^\infty \mathrm{e}^{-\alpha r^2} r \mathrm{d}r = 2\pi \cdot \frac{1}{2\alpha} \int_0^\infty \mathrm{e}^{-\alpha r^2} 2\alpha r \mathrm{d}r \\
&\xrightarrow{z=\alpha r^2} \frac{\pi}{\alpha} \int_0^\infty \mathrm{e}^{-z} \mathrm{d}z = \frac{\pi}{\alpha}.
\end{aligned} \tag{C2}$$

式 (C1) 也被称为 0 阶高斯积分. 将其两边对 α 求导可得

$$\int_{-\infty}^\infty x^2 \mathrm{e}^{-\alpha x^2} \mathrm{d}x = \frac{1}{2} \sqrt{\frac{\pi}{\alpha^3}}, \tag{C3}$$

这被称为 2 阶高斯积分. 可以看到, 2 阶高斯积分是 0 阶高斯积分的 $\dfrac{1}{2\alpha}$ 倍.

　　类似地, 对 2 阶高斯积分两边求导可得 4 阶高斯积分

$$\int_{-\infty}^{\infty} x^4 \mathrm{e}^{-\alpha x^2}\,\mathrm{d}x = \frac{3}{4}\sqrt{\frac{\pi}{\alpha^5}}. \tag{C4}$$

更一般的 $2n$ 阶（$n \geqslant 0$）高斯积分的公式为

$$\int_{-\infty}^{\infty} x^{2n} \mathrm{e}^{-\alpha x^2}\,\mathrm{d}x = \frac{(2n)!}{n!2^n}\sqrt{\frac{\pi}{\alpha^{2n+1}}}. \tag{C5}$$

附录 D　斯特林公式

　　斯特林公式是对式(B1)阶乘积分的近似. 将式(B1)右侧的 $x^n\mathrm{e}^{-x}$ 写为 $\mathrm{e}^{f(x)}$, 则

$$f(x) = n\ln x - x, \tag{D1}$$

其最大值可以用下式求出

$$\frac{\mathrm{d}f}{\mathrm{d}x} = \frac{n}{x} - 1 = 0, \tag{D2}$$

结果为 $x = n$.

　　对上式再微分一次, 得到

$$\frac{\mathrm{d}^2 f}{\mathrm{d}x^2} = -\frac{n}{x^2}. \tag{D3}$$

根据式 (A2), 在 $f(x)$ 的最大值 n 附近对其进行泰勒展开可以得到

$$\begin{aligned}
f(x) &= f(n) + \left(\frac{\mathrm{d}f}{\mathrm{d}x}\right)_{x=n}(x-n) + \left(\frac{\mathrm{d}^2 f}{2!\mathrm{d}x^2}\right)_{x=n}(x-n)^2 + R_2(x)\\
&\simeq n\ln n - n + 0 - \frac{n}{2n^2}(x-n)^2 = n\ln n - n - \frac{(x-n)^2}{2n},
\end{aligned} \tag{D4}$$

此时的 $\mathrm{e}^{f(x)}$ 就近似为一个高斯函数 $\mathrm{e}^{n\ln n - n}\mathrm{e}^{-\frac{(x-n)^2}{2n}}$, 将其代入式 (B1) 并根据式 (C1) 中高斯函数的积分可以得到

$$n! \simeq \mathrm{e}^{n\ln n - n}\int_0^\infty \mathrm{e}^{-\frac{(x-n)^2}{2n}}\,\mathrm{d}x \simeq \mathrm{e}^{n\ln n - n}\int_{-\infty}^\infty \mathrm{e}^{-\frac{(x-n)^2}{2n}}\,\mathrm{d}x = \mathrm{e}^{n\ln n - n}\sqrt{2\pi n}. \tag{D5}$$

注意上式中将积分下限从 0 改为了 $-\infty$, 这是由于被积函数 $\mathrm{e}^{-\frac{(x-n)^2}{2n}}$ 是中心位于 $x = n$, 标准差为 $\sqrt{n}$ 的高斯函数, 当 n 非常大时, 在 $-\infty$ 到 0 之间的区域对积分的贡献几乎可以忽略.

对式 (D5) 两边取对数, 可得

$$\ln n! \simeq n \ln n - n + \ln \sqrt{2\pi n}, \tag{D6}$$

这就是斯特林公式. 当 n 非常大时可以忽略 $\ln \sqrt{2\pi n}$ 这一项, 即 $\ln n! \simeq n \ln n - n$.

附录 E　拉格朗日乘子法

拉格朗日乘子法是一种用于求解具有多个约束条件的函数的极值（最大值或最小值）的数学方法. 它通过引入拉格朗日乘子, 将含有 M 个约束条件和 N 个变量的极值问题转化为一个具有 $M + N$ 个变量的无约束极值问题

$$L = f(\boldsymbol{x}) + \sum_{j=1}^{M} \lambda_j g_j(\boldsymbol{x}), \tag{E1}$$

其中 L 是拉格朗日函数, $f(\boldsymbol{x})$ 是原目标函数, $\boldsymbol{x} = (x_1, x_2, \cdots, x_i, \cdots, x_N)$ 是原函数的 N 个变量, $\boldsymbol{\lambda} = (\lambda_1, \lambda_2, \cdots, \lambda_j, \cdots, \lambda_M)$ 是 M 个拉格朗日乘子, $g_j(\boldsymbol{x}) = 0$ 是第 j 个约束条件.

对上式中每个变量 x_i 求导并令导数为 0, 即

$$\frac{\partial L}{\partial x_i} = 0. \tag{E2}$$

对上式和约束条件 $\boldsymbol{g}$ 构成的方程组进行求解, 就可以得到拉格朗日函数的最优解.

附录 F　其 他 公 式

双曲函数

双曲正弦

$$\sinh x = \frac{\mathrm{e}^x - \mathrm{e}^{-x}}{2}. \tag{F1}$$

双曲余弦

$$\cosh x = \frac{\mathrm{e}^x + \mathrm{e}^{-x}}{2}. \tag{F2}$$

导数

$$\frac{\mathrm{d}(\sinh x)}{\mathrm{d}x} = \cosh x, \quad \frac{\mathrm{d}(\cosh x)}{\mathrm{d}x} = \sinh x. \tag{F3}$$

欧拉常数

调和数列的和

$$\sum_{k=1}^{n} \frac{1}{k} = 1 + \frac{1}{2} + \frac{1}{3} + \cdots \tag{F4}$$

称为调和级数.

调和级数是发散的, 但它与自然对数差值的极限

$$\gamma = \lim_{n \to \infty} \left(\sum_{k=1}^{n} \frac{1}{k} - \ln n \right) \tag{F5}$$

是收敛的, 约等于 0.5772156649015328606065120, 这被称为欧拉常数.

等比数列

等比数列是相邻两项之比相等的数列, 它的通项公式为

$$a_n = a_1 q^{n-1}, \tag{F6}$$

其中 $q \neq 1$, $n \geqslant 1$.

求和公式为

$$S_n = \frac{S_n - qS_n}{1-q} = \frac{\sum\limits_{i=1}^{n} a_i - \sum\limits_{i=2}^{n+1} a_i}{1-q} = \frac{a_1 - a_{n+1}}{1-q} = a_1 \frac{1-q^n}{1-q}. \tag{F7}$$